ART MAKE-UP DESIGN

권현정 · 최광걸

구민사

저자약력

권현정

- 숙명여대 라이프스타일디자인대학원 미용예술전공 석사졸업
- 숙명여대 대학원 헬스산업학과 뷰티 · 코스메틱산업 전공 박사수료
- 여주대학교 뷰티약손미용학과 외래교수
- 서경대학교 미용예술대학 뷰티테라피 · 메이크업학과 외래교수
- SBS 아카데미뷰티스쿨 수원 · 안양캠퍼스 교육이사

최광걸

- 루이나 메이크업스쿨 졸업
- 루이나 메이크업스쿨 정규반 강사
- 연변분장예술인협회 상무이사
- 중국매체&패션&스타일링 메이크업대회 특약강사
- SBS 아카데미뷰티스쿨 수원 · 안양캠퍼스 환타지 오브제 강사

Preface

현대의 아트메이크업은 20세기 후반의 포스트모더니즘의 영향과 다원주의의 영향으로 기존의 틀에서 벗어나 아티스트의 생각대로 자유롭게 표현하고 창의적인 형태, 그림, 오브제 등을 통해 작품을 이미지화하여 메시지를 전달하는 것으로, 메이크업을 예술의 경지로 올리는 조형예술의 한 장르로 발전하였다. 따라서 아트메이크업 작품을 만들기 위한 새로운 아이디어와 창의성을 기본으로 하는 창의적인 사고를 필요로 한다.

본 교재는 창의적인 사고에 의한 효율적인 디자인 발상을 하는 데 있어 좀 더 쉽게 접근할 수 있도록 다양한 주제에 따른 실제 작품 사례를 제시하였으며, 아트 메이크업을 처음 접하는 학생들에게 작품 디자인에 대한 어려움을 해결해주고 디자인 발상에 대한 관심과 흥미를 유발시킬 수 있는 내용으로 다루었다.

제1장에서는 아트 메이크업의 개념에 대해 살펴보고, 제2장 아트 메이크업 유형에서는 페이스 페인팅, 판타지 메이크업, 바디페인팅의 정의에 대한 전반적인 내용을 다루었다.

제3장 아트 메이크업 재료 및 도구에서는 아트 메이크업 작품을 완성하는 데 있어 필요한 재료와 도구에 대해 다루었고, 제4장 아트 메이크업 기초 디자인 요소에서는 형태, 색채, 질감으로 나누어 살펴보았다.

제5장 아트 메이크업 표현기법에서는 페인팅 기법, 오브제 활용 기법, 에어브러시 기법과 디지털 드로잉 기법에 대해 알아보았다.

제6장 아트 메이크업 이미지 유형에서는 사실적 이미지에 동물과 식물, 추상적 이미지에서는 초현실주의, 아르누보, 사이키델릭, 오리엔탈, 팝아트에 대해 알아보았다.

제7장 아트 메이크업 디자인 작품 사례에서는 사실적 모티브 디자인과 추상적 모티브 디자인으로 나누어 실제 예시 작품을 제시하였으며, 제8장 뷰티 일러스트레이션을 활용한 아트 메이크업 디자인에서는 아트 메이크업 작품을 만들기 위한 준비과정으로서 일러스트를 통해 아트 메이크업 디자인을 하는 방법을 다루었다.

본 교재는 아트 메이크업을 처음 접하는 학생들이라도 쉽게 접근할 수 있도록 다양한 작업을 제시하는 데 중점을 두었다. 이를 통해 아트 메이크업에 대한 기본적인 감각을 익히고 메이크업 기술과 예술을 융합시켜 더욱 완성도 높은 작품을 창조하는 데 도움이 되길 바라며, 이 책이 출간되기까지 적극적으로 도움주신 도서출판 구민사 조규백 대표님과 직원 여러분께 깊은 감사를 드린다.

저자 일동

Contents

1.

아트 메이크업 개념

메이크업이란 인체에 다양한 방법으로 컬러를 부여하여 외적인 아름다움을 추구하는 것으로 화장의 명칭이 대중화된 것은 미국의 헐리우드 전성기로부터 기인하여 17세기 초 영국의 시인 리차드 크래슈(Richard crashou)가 시의 한 구절에서 메이크업이란 여성의 매력을 높여주는 행위라고 최초로 정의하였다.

아트 메이크업은 예술성을 추구하는 메이크업으로 사전적 정의는 얼굴 혹은 신체를 바탕으로 다양한 그림, 형태, 장식 등을 이용하여 강한 메시지를 전달하는 것으로 자신의 생각이나 주제를 표현하거나 창의적으로 이미지화하여 메이크업을 예술의 경지로 만드는 분야이다.

아트 메이크업은 Art와 Make-up의 합성어로 예술적인 메이크업을 의미하며 미적 용도의 뷰티 메이크업과 예술성이 부여된 아트와의 결합으로 다양한 재료와 도구를 사용하여 인체에 표현하는 조형예술 분야로써 아티스트의 사상과 이념을 엿볼 수 있다.

현대의 아트 메이크업은 20세기 후반에 영향을 준 포스트모더니즘의 다원주의의 영향으로 다양한 스타일의 공존과 혼합을 통해 기존의 스타일을 자유롭게 받아들이고 자연 오브제와 인공 오브제를 다채롭게 융화하여 새로운 창의적인 스타일로 표현하고 있다.

이러한 아트 메이크업은 예술이라는 측면에서 모방이 아닌 새로운 이미지를 만들어낼 수 있는 아이디어와 그것을 표현할 수 있는 테크닉이 갖추어져야 하며, 아티스트가 표현하고자 하는 전반적인 주제의 전달 표현 능력이 필요하다. 아티스트들에게 인체는 발상을 통한 중요한 표현수단이자 표현 대상으로 선택되고 있으며, 새로운 표현기법이나 방법을 활용하여 인체의 예술적 아름다움으로 표현되고 있다.

따라서 아티스트는 단순하게 얼굴을 아름답게 하는 역할뿐만 아니라 시대의 이상미를 창조하고 그 시대의 문화를 반영하여 내적의미와 외적 형태로서 인물을 재창조하고 인체를 디자인하는 예술로서의 역할을 수행해야 한다.

2. 아트 메이크업 유형

아트 메이크업은 아티스트가 표현하고자 하는 주제 전달 표현 능력을 필요로 하는 분야로 기초 디자인 요소인 점·선·면에 의한 입체적인 형태와 다양한 색채 배색 및 혼합에 의한 조화로운 이미지 표현, 다양한 테크닉, 새로운 아이디어를 통해 작품을 완성할 수 있다.

메이크업은 활용목적이나 기대 효과를 기준으로 뷰티 메이크업(Beauty Make-up), 성격 분장(Character Make-up), 아트 메이크업(Art Make-up)으로 나눌 수 있고, 신체 사용 부위에 따른 아트 범위에 따라 페이스 페인팅, 판타지 메이크업, 바디 페인팅으로 나눌 수 있다.

1) 페이스 페인팅(Face Painting)

페이스 페인팅은 물감을 이용하여 얼굴 위주로 자유롭고 다양한 표현 방식으로 강하면서도 간결한 형태를 얼굴의 표현하고자 하는 부위에 따라 크고 작게 표현할 수 있으며 얼굴 전체를 활용하여 미적 효과에 중점을 두기보다 회화적 효과를 주기 위해 표현하는 방법이다.

이러한 페이스 페인팅은 메이크업 표현재료를 이용하여 포인트를 주듯 신체 일부에 그리거나 얼굴 전체에 그리기도 하는 형태로서 그 사용처와 역할은 다양하다.

일반적으로 아티스트의 세계를 분장 예술의 한 장르로 인식하여 다양한 주제와 연출이 가능하다고 볼 수 있는 페이스 페인팅은 인체의 곡선과 면을 최대한 활용해서 표현한다. 표현 방법으로는 여러 다양한 문양, 추상적 묘사, 사실적 묘사, 디지털 기법을 이용한 연출 등 매우 다양하다. 특히 무대나 퍼포먼스와 같은 분야에서의 페이스 페인팅은 소품들과 함께 조화를 이룸으로써 디자인을 더욱 부각시킬 수 있다.

페이스 페인팅은 극에서도 사용이 되는데 근래에까지 페이스 페인팅의 특징을 갖추며 유래된 중국의 경극과 일본의 가부키 분장이 대표적이다.

[사진 1] 페이스 페인팅 이미지

[사진 2-1] '자연의 경이로움' 페이스 페인팅, 학생지도작품(이주현)

[사진 2-2] '자연의 경이로움' 페이스 페인팅, 학생지도작품(이주현)

[사진 3-1] '자연의 경이로움' 페이스 페인팅, 학생지도작품(김혜지)

[사진 3-2] '자연의 경이로움' 페이스 페인팅, 학생지도작품(김혜지)

2) 판타지 메이크업(Fantasy Make-up)

판타지 메이크업은 아티스트가 상상하는 구체적인 표현을 형상화시키는 것과 확인할 수 없는 아티스트들의 표현 의도를 추상적으로 반영하고 있기 때문에 인간의 상상을 기본 바탕으로 한 구체적인 표현 방법이라 할 수 있다.

이러한 판타지 메이크업은 신체의 25%의 공간을 이용하여 상반신 위주로 작업하는 것으로 여러 특수메이크업 재료를 사용하여 사물의 추상적인 느낌, 초현실적인 이미지를 화려하고 강하고 과장된 이미지로 표현하는 메이크업 방식이다.

판타지 메이크업은 꽃, 식물, 동물 등의 다양한 소재를 이용하여 화려하고 과장된 이미지를 표현하고, 페이스에서 데콜데 라인까지 다양한 재료와 도구를 이용해 작품의 효과를 높이고자 하는 아트 메이크업이다. 메이크업 디자인에 있어 점, 선, 면 등의 기본 디자인 요소의 적절한 사용으로 판타지 메이크업의 효과를 높일 수 있으며, 색채로 작품의 이미지와 상징이 조화를 이루도록 해야 한다.

이러한 판타지 메이크업의 완벽한 디자인을 위해 작업 전 아티스트는 얼굴의 기본 구조와 골격을 이해하여야 한다.

[사진 4-1]
점, 선, 면을 활용한 판타지 아트 마스크(권현정)

[사진 4-2]
점, 선, 면을 활용한 판타지 아트 마스크(권현정)

[사진 4-3]
점, 선, 면을 활용한 판타지 아트 마스크(권현정)

[사진 4-4]
점, 선, 면을 활용한 판타지 아트 마스크(권현정)

[사진 4-5]
점, 선, 면을 활용한 판타지 아트 마스크(권현정)

[사진 5-1] ‘천국의 요정’ 을 표현한 판타지 메이크업(최광걸)

[사진 5-2] '천국의 요정'을 표현한 판타지 메이크업(최광걸)

[사진 5-3]
'천국의 요정' 을 표현한 판타지 메이크업(최광걸)

[사진 6-1] 기초 디자인 요소를 활용한 아트메이크업(권현정)

[사진 6-2] '캔디 컬'을 주제로 한 판타지 메이크업, 학생지도작품(하준희)

[사진 7] '캔디 컬' 을 주제로 한 판타지 메이크업, 학생지도작품(김유나)

[사진 8]
에어브러시를 활용한
스컬 판타지 메이크업,
학생지도작품(지수연)

3) 바디페인팅(Body Painting)

바디페인팅과 바디아트는 일반적으로 비슷한 표현처럼 들리지만 이 두 장르는 동일한 개념은 아니다. 바디아트는 신체를 새롭게 만드는 것으로 헤어 드레싱과 패션 등을 포함한 말이며, 그것은 주얼리나 기타 장식물을 달기 위한 피어싱(Piercing), 영구적인 문신(Tattoo), 상처(Scar)나 또는 일시적으로 행해지는 페인팅이나 염색으로 바디페인팅보다 더 넓은 의미이며 시각예술에 있어서 하나의 새로운 양식적인 흐름을 형성하며 전통적인 바디페인팅을 포함하고 있다. 즉, 바디페인팅은 바디아트라는 큰 장르의 하위 개념으로 신체에 행하거나 신체를 대상으로 하는 모든 예술적 행위를 바디아트라 하고, 신체에 채색을 하고 디자인을 하는 행위를 바디페인팅이라고 할 수 있다.

현대적 의미의 바디페인팅은 몸을 매개로 하는 예술, 즉 바디아트 속에 위치하며, 그것은 인간이 내적 이미지의 세계를 얼굴에서 신체까지 넓힌 미적 표현으로 정의될 수 있다. 바디페인팅을 미술사조 속에서 살펴보면 개념미술로 분류할 수 있으며, 사람의 몸을 재료로 하는 미술 형태인 퍼포먼스에 속하기도 한다. 더 나아가 패션의 형태로 확장된 바디페인팅은 메이크업의 한 분야로도 그 영역을 넓혀가고 있다.

바디페인팅은 일반적으로 화폭에 그리는 평면적인 그림과는 달리 곡선과 면, 골격 등으로 이루어진 입체적인 몸 위에 그림을 그리는 것이기 때문에 작가는 기본적인 신체의 해부학적인 면이나 골격구조, 피부의 특성 등을 먼저 파악한 뒤 입체적인 형태와 구조에 따라 작품을 디자인해야 한다. 바디페인팅은 인체를 하나의 조형물로 간주하고 조형 디자인의 원리를 이용하여 예술의 한 장르로 자리 매김하고 있다.

현대의 바디페인팅은 한 개인의 독자적인 예술로서만이 아니라 무대, 조명, 음악은 물론 의상의 조화까지 이루는 토탈 아트로서의 면모 또한 고루 갖추고 있다. 뿐만 아니라 소재의 제한성이 없어 새로운 장식요소를 사용함으로써 그 표현성이 확대되고 있다.

조형물로서의 바디페인팅은 인간 내면의 예술적 사상과 정서가 인체라는 대상을 통해 유형화된 것이다. 이러한 바디페인팅은 조각이나 회화작품과 비교했을 때 일회적 표현에 그칠 수밖에 없는 단점이 있지만 작가의 자발성, 독창성, 재료의 질감이 결합된 자유로운 표현으로, 모델의 역동적인

[사진 9-1]
'사이키델릭 서커스' 바디페인팅, 학생작품(지수연)

[사진 9-2]
'사이키델릭 서커스' 바디페인팅, 학생작품(지수연)

신체의 연출을 통해 다양하게 변화되는 미적 특성을 지닌다. 또한 사진이나 카메라, 영상기기의 기록을 통한 평면, 영상 예술로서의 재탄생으로 오랫동안 살아있는 감동을 줄 수 있다.

바디페인팅의 작품 활동에 도입된 초현실주의 회화와 이념은 창조적이면서 혁신적인 것을 요구하는 현대인들에게 뚜렷한 개성과 흥미를 유발시키고 있다. 바디페인팅 작품 활동에 있어 다양한 오브제의 사용과 시도는 기존의 바디페인팅 작품 세계에 대한 신선함과 무한한 가능성을 던져주는 촉매제의 역할을 하게 되었고 일반인들에게 바디페인팅이 독자적인 조형예술로서 인식되게 하는 새로운 가치관의 성립을 가져다주었다. 따라서 조형예술로서의 바디페인팅은 장식기술과 방법이 나날이 발전하고 그 적용과 표현성에 있어서도 다양해져 예술적 영역이 더욱 확장되고 있다. 이는 단순하게 관람자에게 흥미와 재미를 전달하는 것에 그치는 소극적인 예술이 아니라 인체라는 오브제에 작품을 통해 바디페인팅 작가들의 신념이 예술적 조형성은 물론 새로운 소재와 다양한 표현방식에 있어 때로는 환경적, 사회적, 해학적 메시지를 던지는 역할을 할 수 있는 적극적인 예술로써의 역할을 충분히 할 수 있는 분야임을 알 수 있다.

바디페인팅은 급진적 표현양식의 하나로 관념적인 성향을 띄며, 작가의 무한한 상상력으로 조형적 요소를 시각적으로 표현하는 작업으로, 인간의 끊임없는 미적 욕구 의식과 다양한 디자인, 추상적인 화법, 사실적 묘사, 작가와 모델의 퍼포먼스 행위 등 자신만의 독창적이고 창의적인 작품 세계로 극대화 시킬 수 있다. 이렇듯 바디페인팅은 신체를 매개로 하는 예술로 주제에 구속받지 않고 전체 이미지를 중심으로 표현되는 조형예술로서 인체의 아름다운 선과 면을 현대적 조형 감각으로 신체에 창조적으로 표현할 수 있는 다양한 방법을 사용하여 새로운 예술적 이미지 표현의 한 형태로 점점 발전해 가고 있다.

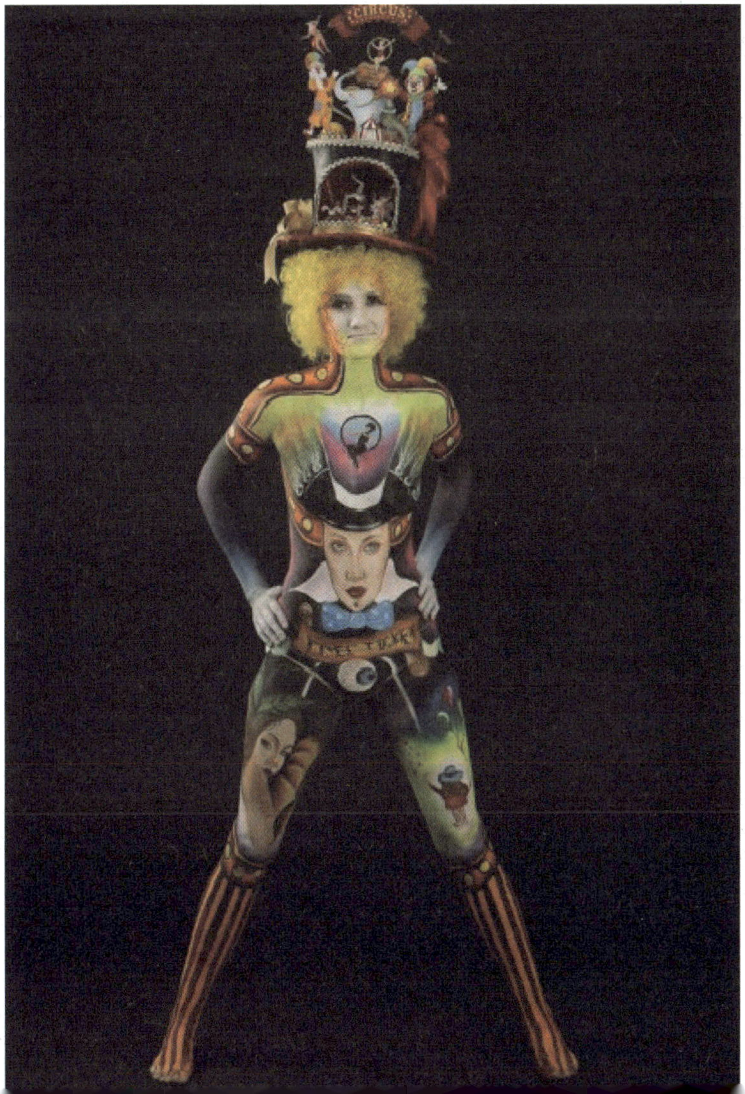

[사진 10-1]
'사이키델릭 서커스' 바디페인팅, 학생작품(문지유)

[사진 10-2] '사이키델릭 서커스' 바디페인팅, 학생작품(문지유)

[사진 10-3] '사이키델릭 서커스' 바디페인팅, 학생작품(문지유

CIRCUS

[사진 11-1] '사이키델릭 서커스', 바디페인팅, 학생작품(강승민)

[사진 11-2] '사이키델릭 서커스', 바디페인팅, 학생작품(강승민)

[사진 11-3] ‘사이키델릭 서커스’, 바디페인팅, 학생작품(강승민)

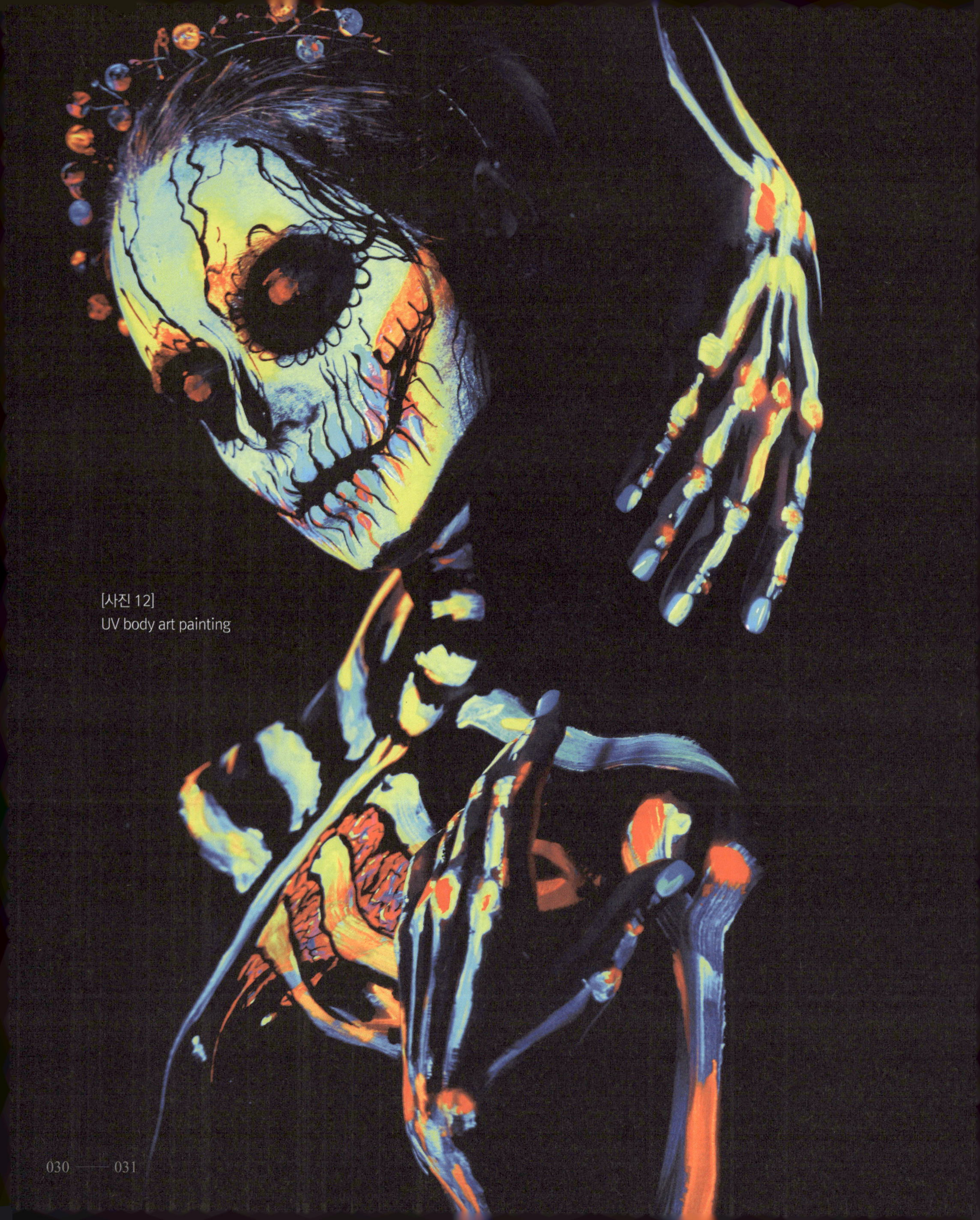

[사진 12]
UV body art painting

3.

아트 메이크업 재료 및 도구

1) 재료

아트 메이크업은 일반 뷰티메이크업의 재료와 도구보다 전문적이므로 구체적인 디자인을 계획하기 전에 필요한 재료와 도구를 정확하게 알아두는 것이 좋다.

아트 메이크업을 디자인할 때 필요한 재료로는 수성물감과 유성물감, UV 형광 물감, 에어브러시 물감 등이 필요하며, 그 외 장식적인 효과로 디자인의 극대화를 위해 사용되는 펄 파우더, 젤 글리터, 큐빅, 스파클링, 아트 속눈썹 및 각종 오브제 재료 등이 있다.

(1) 수성물감(Water Color)

아쿠아 컬러(Aqua color)라고도 하며, 물과 함께 사용하여 브러시를 이용한 그라데이션이 효과적이다. 넓은 면을 그라데이션을 할 때 스펀지를 이용하면 단시간에 채색 및 자연스러운 연결이 가능하다. 수성물감은 건조가 빠른 것이 장점이나 땀이나 물에 쉽게 지워지는 단점이 있다.

(2) 유성물감(Oil Color)

유성물감은 라이닝 컬러(Lining Color) 또는 슈프라 컬러(Supra Color)라고도 하며, 오일 타입으로 사용 후에는 파우더 처리를 해야 한다. 발색력이 좋으나 오일로 인해 잘 묻어나는 성질이 있어 지속력이 낮다.

(3) UV 형광 물감(UV Color)

UV 광선인 블랙 라이트에서 발광하는 물감으로, 그라데이션이 어려우며 주로 무용이나 마임, 퍼포먼스 공연 등에서 율동과 함께 연출하면 더욱 상승효과가 있다.

(4) 에어브러시 물감(Airbrush Color)

마스크 채색이나 바디페인팅 등에 많이 사용되는 재료로 수성타입과 유성타입으로 구분된다. 수성타입은 일반 컬러와 펄, 형광 컬러가 있고, 유성타입은 잘 지워지지 않아 주로 타투에 많이 활용되고 있다.

(5) 펄 파우더(Pearl Powder)

펄 파우더는 아이섀도의 발색력을 높이고자 할 때 주로 사용된다. 또한 판타지한 표현을 하고자 할 때 펄 파우더의 화려한 색상과 펄 감이 장점이며 조명을 받으면 더욱 효과적이다.

(6) 젤 글리터(Gel Glitter)

젤 글리터는 아트 메이크업 디자인 형태를 돋보이게 하는 역할로 가는 선과 굵은 선의 처리가 가능하며 점 등의 장식적인 효과에도 탁월하다. 시간이 지나면 굳어져 묻어나지 않는 것이 장점이며 아트 메이크업에 더욱 화려하고 판타지한 작품을 표현할 수 있다.

(7) 스파클링(Sparkling)

컬러별로 다양한 모양의 글리터가 있으며, 아트 메이크업 후에 마무리 단계에서 사용하면 완성도와 독창적인 디자인으로 표현을 극대화할 수 있다.

(8) 아트 속눈썹(Art Eyelash)

다양한 형태와 컬러로 이루어진 아트용 속눈썹으로 아트 메이크업에 활용도가 높으며 눈매를 강조할 때 효과가 탁월하다.

2) 도구

아트 메이크업 재료를 사용할 때 필요한 도구로는 다양한 종류의 아트용 브러시와 에어브러시, 컴프레서, 바디페인팅용 마네킹, 아트 마스크, 스텐실 등이 있다.

(1) 아트용 브러시(Art Brush)

물감을 사용할 때 사용하는 브러시로 타원형, 사각, 세필형 브러시 등 종류가 다양하다. 일반적으로 많이 쓰는 브러시는 끝이 둥근 형태의 타원형 브러시이며, 직선이나 각이 진 곳을 칠할 때에는 사각 브러시를 사용한다.

그 외 마무리 단계나 세심하고 섬세한 선 처리를 요하는 곳은 세필형 브러시를 사용하고, 넓은 면을 칠할 때에는 백(back) 브러시를 사용한다.

(2) 에어브러시 건(Airbrush Gun)

공기압력에 의한 분사로 컬러 그라데이션이 효과적이며 스텐실을 이용한 아트 메이크업 표현에 활용도가 높다. 또한 뷰티 메이크업 시에도 고운 입자에 의한 분사로 잡티 등 커버력이 우수하고 파운데이션에 의한 베이스 처리에 유용하다.

(3) 컴프레서(Compressor)

뷰티 전용 컴프레서와 바디 페인팅에 적합한 컴프레서로 나뉜다. 뷰티 전용 컴프레서는 공기 압력이 약하며, 소형의 크기로 휴대가 간편한 것이 특징이다. 반면 바디 페인팅 전용 컴프레서는 높은 압력으로 넓은 면적을 페인팅할 수 있으며, 오랜 시간 사용이 가능하다.

(4) 마네킹(Mannequin)

인체의 골격과 흡사한 마네킹으로 주로 바디 페인팅 연습용으로 사용되는 전신 마네킹과 토로소 마네킹으로 있으며, 아트 메이크업 연습용으로 사용되는 페이스 전용 마네킹으로 구분된다.

(5) 아트 마스크(Art Mask)

사람의 얼굴을 형상화한 마스크는 아트 메이크업 연습 시에 사용되며, 각종 대회나 작품 전시 등 다양하게 활용되고 있으며, 기타 오브제를 활용한 창의적인 아트 메이크업 디자인 표현에도 가능하다.

4.

아트 메이크업 디자인 요소

아트 메이크업은 인체의 형태와 선의 변화, 색의 사용을 적절하게 조화시키는 예술이며, 자신만의 개성과 독창성을 표현한다는 데에 중요한 의미가 있다. 또한 아트메이크업은 인간이 느낀 감정이나 상상하는 것을 표현하는 사실적인 표현과 눈으로 실물을 직접 확인할 수 없는 것을 형상화시키는 추상적인 표현이 있다.

디자인을 구성하는 가장 기본적인 요소인 형태를 이루는 점, 선, 면은 원형적 조화에 의해 반복성과 연속성을 지닌다.

점이 크기와 명암이라면 선은 굵기와 굴곡, 선을 긋는 속도에 의해 남성적이거나 여성적인 느낌, 또는 동양적이거나 서양적인 느낌을 준다. 선은 작품 전체 이미지에 많은 영향을 주는데 특히 눈썹, 아이라인, 입술 라인 등의 선을 직선으로 표현할 때와 곡선으로 표현할 때의 느낌이 남성적일 수도 있고 여성적일 수도 있다.

여러 개의 선이 모여서 합쳐지거나 선의 굵기가 굵어지면 바로 면이 될 수 있는데 면은 크기에 따라 혹은 색의 농도에 따라 돌출과 후퇴의 느낌을 주어 조형적 요소를 표현할 수 있다.

이러한 점, 선, 면의 기본적인 형태 외에도 색은 아트 메이크업을 디자인하는데 중요한 표현수단이 된다. 색은 자체가 가지고 있는 고유의 상징적 의미가 있어 아티스트의 의도를 표현하고 대중들에게 효과적으로 작품의 이미지를 전달할 수 있다.

1) 형태

아트 메이크업은 인간의 신체 표면 위에 조형적 이미지를 표현하는 행위예술이다. 아트 메이크업에 나타난 메이크업 디자인 요소를 조형 요소 중 형태의 측면에서 이루는 점, 선, 면으로 구분할 수 있다.

점은 크기와 명암에 따라 성격이 달라진다. 크기가 다른 세 개의 점을 나란히 배치하면 율동감이 생겨 방향성의 이미지를 만든다. 점은 크기나 형태 외에도 어떻게 구성하는가에 따라 조형적인 효과를 나타내게 된다.

선은 점 다음으로 가장 단순한 디자인으로 폭, 굵기가 다양하며 형태도 여러 가지다. 직선은 경직되고 단순하며 남성적인 느낌을 주고 사선은 동적이고 곡선은 부드럽고 동적이며 여성스러운 느낌을 준다. 얼굴에서 선을 이루는 것에는 눈썹, 아이라인, 입술 라인 등으로 아이섀도나 블러셔를 선적인 터치로 표현하는 방법이 있으며, 직접 얼굴에 그림을 그리듯 표현하기도 한다. 이러한 직선, 곡선 등의 선의 형태는 종류에 따라 전체 디자인 이미지에 크게 좌우된다.

선이 모여 면으로 표현될 때는 면의 크기에 따라 돌출과 진퇴의 표현, 입체적인 표현이 가능하다. 면이 더 클 경우에는 진출의 느낌이고 면의 면적이 작을 경우에는 후퇴의 느낌이 강하다.

2) 색채

색은 우리의 생활환경과 밀접한 관계를 맺고 있으며 모든 사물은 형태와 함께 색채를 가지고 있다. 인간에게 있어 색채에 대한 시각적 반응은 다른 디자인 요소에 비해 즉각적이면서도 본질적인 부분이며 시각에 의해 지각으로 받아들여지는 정보는 큰 비중을 차지하고 있다.

우리의 눈은 물체의 표면으로 발산되는 시각적인 빛의 파장으로 색을 인식한나. 색은 물리적인 사물의 외곽을 변화하는 착시현상을 만드는 것으로 인간에게 있어 분위기나 감각의 표현을 위해 사용된다.

아트 메이크업에서는 뷰티 메이크업에서 제한된 색채의 범위에서 벗어나 자유롭게 색상을 선택하여 표현하는데 신체의 일부를 과장되게 표현하거나 또는 과도하게 많은 색상을 사용하거나 반대로 축소시켜 생략하거나 극도로 색상을 제한하는 등의 창의적 색채 사용으로 시각적인 효과를 줄 수 있다. 조형적인 디자인에 있어 형태와 색채는 상호 조화되어야 한다.

3) 질감

질감은 물체표현에서 느껴지는 물체 고유의 촉감을 말한다. 아트 메이크업에 있어서 질감표현은 신체의 피부를 통해 끊임없이 지각되는 촉각적 질감과 대뇌에 기억하고 저장되는 시각적 질감을 포함하는 것으로 아티스트가 만들어내는 새로운 질감의 근원은 자연의 질감에 근거한다. 부드럽다, 거칠다, 딱딱하다, 말랑하다, 글로시하다, 금속질감, 직물의 효과, 촉촉한 느낌, 균열감과 같이 눈으로 보거나 손으로 만졌을 때의 느낌으로 표현된다.

이러한 질감은 형태와 색채와 함께 시각적인 경험을 풍부하게 해주는 것으로 작품 디자인에 있어 매우 중요한 요소이다.

아트 메이크업에서의 질감표현 또한 매우 중요하며 작품의 이미지나 성격에 큰 영향을 미친다. 또한 사용하는 재료와 도구에 따라 전체적인 작품의 질감 효과가 달라진다.

아트 메이크업 표현에 있어 질감은 여러 가지 디자인 느낌을 달리하고 효과를 극대화시킬 수 있는 아주 좋은 디자인 요소이다.

5.

아트 메이크업 표현기법

1) 페인팅 기법(Painting Technique)

페인팅 기법은 아트 메이크업 작업 시 가장 많이 사용되는 방법으로 스펀지, 브러시 기법으로 구분되는데 바로 신체에 채색을 하는 단계로 사실적 묘사와 추상적 묘사 등 다양하게 묘사되며, 그라데이션에 의한 입체감 표현으로 여러 가지 디자인 표현이 가능한 기법이다.

이외에도 페인팅 기법으로는 사실적인 묘사의 트롱프뢰유(Trompe-l' œil) 기법이나 추상적 묘사의 액션 페인팅(Action Painting) 기법이 있다.

[사진 13-1] 페인팅기법 아트 메이크업

트롱프뢰유 기법은 3차원의 실제의 것으로 착각할 정도로 세밀하게 묘사한 그림 기법으로 명암, 양감, 질감을 회화 형식으로 표현함으로 배경과 작품과의 거리감 효과를 조절하여 착시효과를 일으키는 방법이다. 핸드 페인팅의 대가인 이탈리아 출신의 마리오 마리온티(Mario Mariotti)와 귀도 다니엘(Guido Daniele)은 사람, 사물, 동물 등을 모티브로 해 현실로 착각하게 하는 효과를 가진 사실적 묘사가 돋보이는 화법으로 유명하다.

이러한 페인팅 기법의 아트 메이크업은 회화적 요소에 충실하게 작업하여 일반 회화작품과 유사한 느낌을 주기도 한다.

[사진 13-2] 페인팅기법 아트 메이크업

[사진 14-1] 페인팅기법 아트마스크(권현정)

[사진 14-2] 페인팅기법 아트마스크(권현정)

[사진 14-3] 페인팅기법 아트마스크(권현정)

[사진 14-4] 페인팅기법 아트마스크(권현정)

[사진 14-5] 페인팅기법 아트마스크(권현정)

[사진 14-5-1] 페인팅 기법 아트마스크(권현정)

[사진 14-5-2] 페인팅 기법 아트마스크(권현정)

[사진 14-5-3] 페인팅 기법 아트마스크(권현정)

[사진 14-5-4] 페인팅기법 아트마스크(권현정)

2) 오브제 활용기법(Object Technique)

오브제는 객체 또는 대상을 의미하며, 여러 가지 소재를 이용하여 구체적인 형태나 형상을 제작해 3차원의 공간을 장(場)으로 하고 가시적 질량을 소재로 공간에 미적 형태를 부여한다.

현대의 많은 조형예술에서 창의적인 작품을 위해 다양한 재료를 사용하여 작가의 작품 세계를 표현하고 있다. 미술작품에서도 물감 외에 다양한 재료를 사용해 표현하거나 설치를 통해 작업을 하듯 아트 메이크업 또한 조형예술의 하위 개념으로 인체에 해가 되지 않는 모든 재료를 활용하여 작품을 제작하는데 이러한 기법을 오브제 기법이라고 한다.

오브제는 질감 표현을 위해 많이 사용되는데 질감은 형태, 색채와 함께 조형 요소의 하나로 실제로 객체의 표면이 갖는 특성이나 안료의 성질, 물적 대상의 양감 등을 가지고 촉각, 시각적으로 환기시키는 효과를 말한다.

오브제 기법은 여러 가지 재료를 이용하여 구체적인 형태나 형상을 만들어 입체적인 표현을 가능하게 하는 표현기법으로 가시적 질량을 소재로 공간에 미적 형태를 부여하는 것이라 할 수 있다. 이것은 조형적 의미를 지니고 있으며 표현수단의 접근 방법으로 볼 수 있다. 오브제를 활용한 기법은 페인팅 기법을 토대로 2차물인 자연물과 인공물을 인체에 가함으로써 바디페인팅의 완성도를 높일 수 있는 장점이 있다. 자연물의 재료에는 석고, 머드, 깃털, 식물 등이 사용되며, 인공물은 스팽글, 비즈, 스톤, 패브릭, 메탈, 펄, 글리터 등이 사용된다.

그 밖에도 마스크나 볼드캡을 활용해 인체를 과장하거나 왜곡시켜 표현하기도 하고 신체의 특정 부위를 뚫어 의료용 스테인리스나 플라스틱 장식을 밀어 넣은 피어싱도 있다. 마스크나 볼드캡을 이용한 기법은 제작 과정이 복잡하고 숙련된 기술을 필요로 하기 때문에 제작 기간이 많이 걸리므로 충분한 시간을 두고 작품을 준비해야 한다.

[사진 15-1]
오브제 활용기법아트 메이크업(최광걸)

[사진 15-2]
오브제 활용기법아트 메이크업(최광걸)

3) 에어브러시 기법(Airbrush Technique)

에어브러시가 우리나라에 처음 들어온 것은 1940년대 후반으로 최근에는 인쇄제판과 양화사진의 수정 등에서도 많이 사용되고 있다. 그 외에도 다양한 산업·공업 분야에서 사용되고 있으며 메이크업 분야에서는 최근 급속도로 뷰티 메이크업, 영상 분장, 아트메이크업 분야 등 다양한 영역에서 에어브러시 사용이 급진적으로 확대되고 있다.

에어브러시는 컴프레서(Compressor) 기계를 이용하여 물감을 일정한 공기의 압력으로 밀어낸 에어브러시 건을 통해 스프레이식의 기계적 분사 기법이다. 페인팅 기법처럼 붓에 물감을 찍어 그리듯 에어브러시는 물감을 뿜어

[사진 16-1]
에어브러시 기법 아트마스크(권현정)

내는 도료컵에 물감을 넣고, 컴프레서에서 압축공기를 호스를 통해 핸드피스로 이동시켜 공기와 함께 물감이 뿜어져 나와 그림을 표현하는 기법이다.

또한, 에어브러시 기법의 경우 컴프레서(compressor)의 압축된 공기를 이용해 일정하게 물감을 분사해 스펀지나 브러시로 채색하는 것보다 시간이 단축되고, 정교하고 섬세한 그라데이션 표현이 가능하다. 같은 그림을 반복할 때 스텐실을 사용하여 빠르게 작품을 완성할 수 있는 것이 장점이지만 장비를 사용하는 번거로움과 에어건을 통한 물감 분사로 인해 시술 시 모델이 불편하다는 단점이 있으며, 물감이 공기 중으로 분사되어 작업 시 주위의 환경을 세심하게 검토해야 한다는 번거로움이 있다.

[사진 16-2]
에어브러시 기법 아트마스크(권현정)

4) 디지털 드로잉 기법(Digital Technique)

21세기 사회문화적 키워드인 디지털 미디어에 발맞춰 아트 메이크업 분야도 컴퓨터의 기능과 예술이 혼합된 활동이 이루어지고 있다. 디지털 미디어로 대표되는 현대에 컴퓨터 아트와 가상공간까지 그 표현의 영역으로 하는 예술 활동이 활발하게 이루어지고 있으며, 단순한 도구적 수단의 변화를 넘어 예술의 개념, 예술가의 행동 양식, 예술과 관중의 관계 등 폭넓은 범위의 변화를 의미하고 있다.

이러한 디지털 미디어의 도입과 다각적인 활용으로 새롭고 다양한 조형 세계를 창조해내고 있는 현대의 예술은 예술 자체에 대한 인식과 감상의 방법에 근본적인 변화를 맞고 있다.

[사진 17-1]
프로크리에이트(Procreate)를 이용한 디지털 드로잉 기법 아트 메이크업(최광걸)

디지털 드로잉 기법은 컴퓨터 그래픽 프로그램을 이용한 작품으로 인체에 간접적으로 페인팅을 시연하는 기법이다.

디지털 아트는 디지털 매체를 사용하여 제작되는 회화, 조각, 순수사진, 시각예술, 설치미술을 이루는 예술형식이다. 디지털 작업은 수정이 쉽고 부분 제작을 통한 결합방식이 가능해 작업 과정 중에 언제라도 수정이 가능하며 모델과 디자인 모티브 모두 디지털 이미지를 사용함으로써 다른 표현기법에 비해 표현의 영역이 넓다는 장점이 있다.

디지털 드로잉 기법의 예로 [사진 17-1, 2]는 프로크리에이트(Procreate)를 이용한 디지털 드로잉으로서 컴퓨터 프로그램으로의 합성과 변형을 페이스 차트에 적용시킨 판타지 메이크업 작품으로 디지털 드로잉을 통해 아트 메이크업뿐만 아닌 특수분장 등 다양한 표현으로 새로운 시각적 효과를 높일 수 있다.

[사진 17-2]
프로크리에이트(Procreate)를 이용한 디지털 드로잉 기법 아트 메이크업(최광걸)

[사진 17-2-1]
프로크리에이트(Procreate)를 이용한 디지털 드로잉 기법 아트 메이크업(권현정)

[사진 17-2-2]
프로크리에이트(Procreate)를 이용한 디지털 드로잉 기법 아트 메이크업(권현정)

6.

아트 메이크업의 이미지 유형

1) 사실적 이미지

(1) 동물

회화에서의 자연주의란 눈으로 관찰한 바를 충실하게 그대로 재현하려는 것을 의미한다. 회화의 대상으로 삼는 그 자체가 존재의 가치가 있는 것이기에 자연의 재현 역시 가치가 있다.

아트 메이크업의 표현에 있어서도 자연을 소재로 한 사실적 이미지 표현을 많은 아티스트들이 작품에 활용하고 있다. 그 중 동물의 이미지는 사실적 모티브로 많이 활용되고 있다. 그 대표적인 예로 뮤지컬 '캣츠'는 T.S 엘리엇의 시집 '지혜로운 고양이가 되기 위한 지침서(Old Possum' s Book of Practical Cats)'를 바탕으로 연출되었으며, 고양이들의 축제인 '제라클 볼'에서 벌어지는 사건들을 내용으로 하는 뮤지컬이다. 뮤지컬에 등장하는 배우들은 각양각색의 캣츠 분장을 통해 극의 스토리를 관중들에게 전달하고 있다.

[사진 18-1] 동물을 활용한 사실적 이미지 아트마스크(권현정)

[사진 18-1-1] 동물을 활용한 사실적 이미지 아트마스크(권현정)

[사진 18-1-2] 동물을 활용한 사실적 이미지 아트마스크(권현정)

[사진 18-2]
캣츠 아트 메이크업

[사진 18-3] 동물을 활용한 사실적 이미지 바디페인팅(권현정)

[사진 18-4] 동물을 활용한 사실적 이미지 아트마스크(권현정)

[사진 18-5] 동물을 활용한 사실적 이미지 아트마스크(권현정)

(2) 식물

우리의 생활환경 속에는 다양한 종류의 식물들이 존재하는데 아트 메이크업 디자인에 있어서는 꽃과 나뭇잎 등의 식물 이미지를 모티브로 많은 작품에 활용하고 있다.

[사진 19-1] 꽃을 활용한 사실적 이미지 아트마스크(권현정)

[사진 19-1-1] 꽃을 활용한 사실적 이미지 아트마스크(권현정)

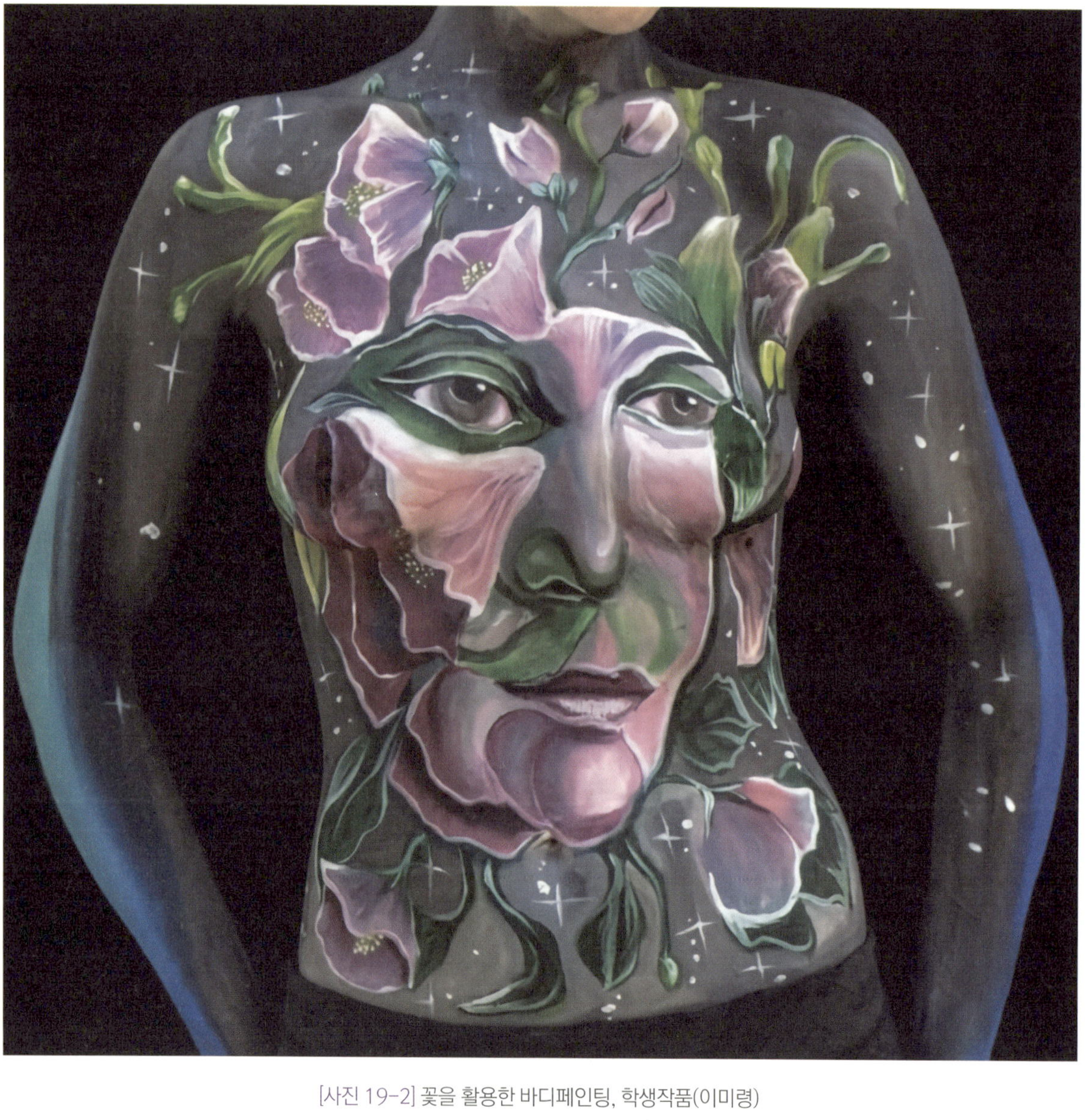

[사진 19-2] 꽃을 활용한 바디페인팅, 학생작품(이미령)

[사진 19-2-1] 인물과 나비를 활용한 아트마스크(권현정)

[사진 19-2-2] 인물과 나비를 활용한 아트마스크(권현정)

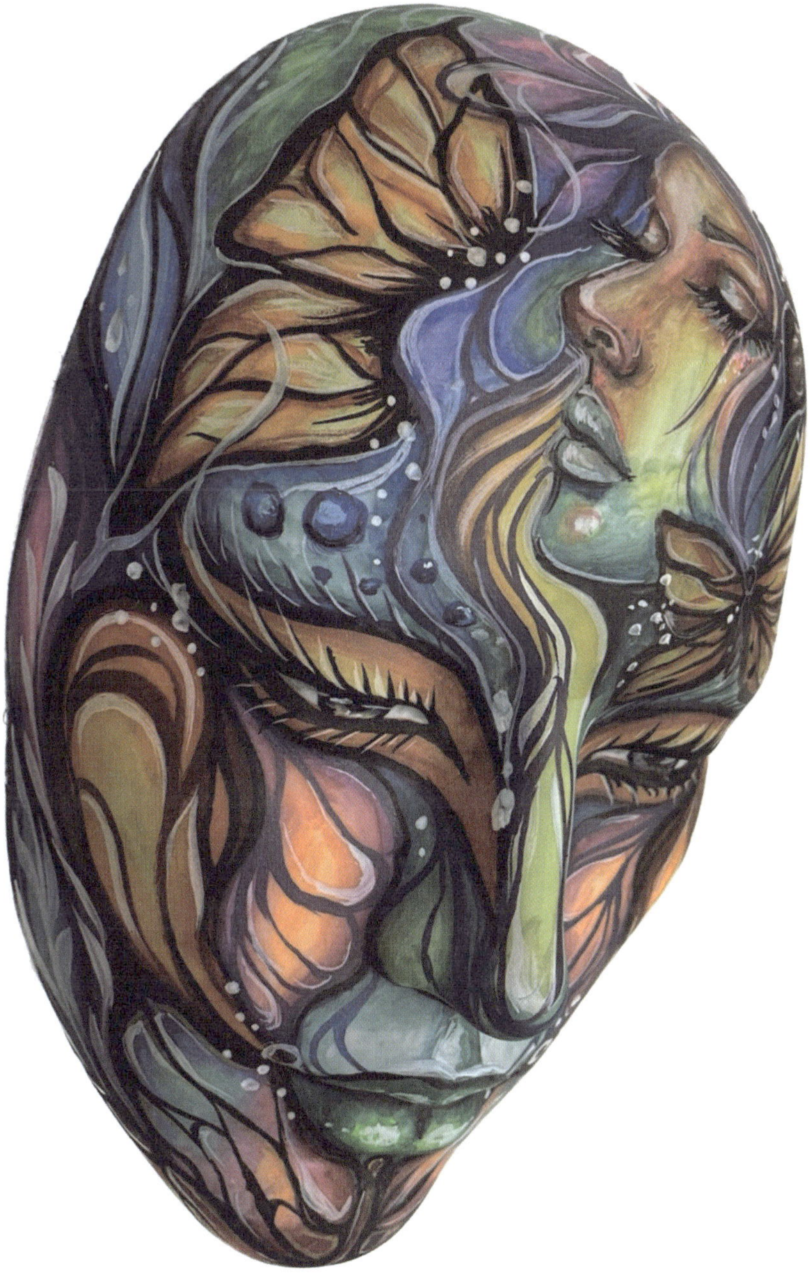

[사진 19-2-3] 인물과 나비를 활용한 아트마스크(권현정)

2) 추상적 이미지

(1) 초현실주의(Surrealism)

초현실주의는 1919년 제1차 세계대전부터 1939년 제2차 세계대전 발발 직후까지의 미술사조로 아폴리 네르(G. Apollinaire)에 의해 창안되었다.

초현실주의의 사전적 정의는 "초현실주의는 순수한 정신을 자동 기술하는 것으로, 그로 인해 사고의 참된 움직임이 표현되었다. 사고는 이성에 의한 어떤 통제도 받지 않고, 심미적이거나 도덕적인 모든 관심에서 벗어난 상태에서 기록되었다. 지금까지 무시되어왔던 연상 작용이 지니는 뛰어난 리얼리티, 꿈의 전능과 사고의 타산적이지 않은 활동에 대한 믿음에 그 근거를 두고 있다." 즉, 초현실주의의 예술이념은 문명의 속박에서 인간을 해방시키고, 이성에 의해 억압되어왔던 통제를 벗어나 무의식의 세계를 밝힘으로써 자유롭고 총체적인 인간의 모습을 표현하는 것이었다.

초현실주의의 목적은 현실을 파괴하거나 현실을 부정하려는 것이 아니라, 의식과 무의식의 세계를 탐구하고 새로운 현실에 대한 정의를 내리는 것이다. 현실을 초월하려는 것이 단순히 정신적 이데아 세계가 아닌 보다 표현성 짙은 현실의 변화에 적극적인 시도를 했던 것이다. 초현실주의는 현대 다양한 분야에 영향을 끼친 미술사조로 새로운 트랜드를 만들어내고 예술가들에게 자유로운 창조활동의 표현과 예술적 영감의 원천이 되어진다고 본다.

초현실주의 예술 표현은 크게 두 가지로 구분된다. 초기의 앙드레 마송, 호안 미로, 후기에는 로베르토 마타 등이 추구한 추상적 초현실주의는 생동적인 분위기로 형상의 재현을 거부하고 본질을 추구하는 경향이었다, 여기에는 오토마티즘(Automatism), 콜라주(Collage), 프로타주(Frottage), 그로타주(Grottage), 데칼코마니(Decalcomanie)가 해당된다. 반면 후기의 살바도르 달리, 르네 마그리트 등이 추구한 사실적 초현실주의는 사진과 같은 정밀한 표현으로 현실 세계에서는 양립할 수 없는 것이 공존하는 환상과 꿈의 세계를 표현하려 했다. 여기에는 데페이즈망(Depaysement), 이중 이미지(Double-image), 트롱프뢰유(Trompe-loeil), 오브제(Objet)가 해당된다.

[사진 20-1] 초현실적인 풍경 속에 있는 나무

[사진 20-2] 초현실적인 자연과 꿈 개념 아트

[사진 20-2-1] 추상적 이미지 아트마스크(권현정)

[사진 20-2-2] 추상적 이미지 아트마스크(권현정)

(2) 아르누보(Art Nouveau)

아르누보란 '아르(Art)' 와 '누보(Nouveau, New)' 의 합성어로 새로운 미술이라는 의미의 프랑스어로 19세기 말에서 20세기 초에 걸쳐 공예와 건축 분야에서 번성하였으며 과거의 양식에서 벗어나 새로운 양식을 탐식했던 심미주의적이고 장식적인 경향의 예술운동이다.

아르누보 양식은 주로 건축물, 실내장식 등으로 쓰였으며 자연에서 모티브를 얻어 자유로우며 생동감과 비대칭적인 선을 사용하여 식물과 꽃의 이미지를 표현함으로써 여성스럽고 화려한 분위기를 강조하고 사실적이고 장식적인 효과를 표현하였다.

미술에서 아르누보 양식은 율동적인 곡선으로 인간이나 동물, 식물의 이미지를 외형적으로 드러낸 패턴화 또는 문양을 말하며, 대체로 자연에서 모티브를 찾고자 하였다.

[사진 21-1] 복고풍 아르누보 양식의 장미를 들고 있는 무차 여신

이러한 아르누보 양식의 주된 특징은 형태, 선, 색채적인 측면의 양식으로 볼 수 있다. 또한 아르누보의 형태적인 특징으로는 비대칭적인 형태 구조를 들 수가 있는데 비대칭 구조의 불균형은 생명과 운동을 암시하는 격동적인 요소를 보여주는 가장 중요한 표현임을 알 수 있다.

자연적인 모티브와 유기적인 선의 도입 측면에서는 식물과 같은 유기적 형태에서 영감을 얻어 환상의 세계를 연상시킨다. 또한 색채적인 측면에서는 다양한 파스텔 칼라의 사용을 들 수가 있다.

이러한 아르누보의 대표적인 작가인 알폰스 무하(Alphonse Mucha)는 자연에서 꽃과 식물의 줄기에서 모티브를 얻은 자유롭고 부드러운 유기적 곡선의 형태미를 관능적인 여성의 곡선미와 결합시켜 화려하고 독창적이면서 상징적인 여성의 미를 작품으로 표현하였다. 이러한 알폰스 무하의 작품은 자유롭고 창의적인 디자인이 요구되는 뷰티 분야에서 활발하게 응용되고 있다.

[사진 21-2] 아르누보 스타일 긴 꽃과 틀을 지닌 여성

[사진 21-3] 아르누보를 활용한 아트 메이크업 디자인, 최광걸

(3) 사이키델릭(Psychedelic)

사이키델릭(Psychedelic)이란 그리스어 'psyche(정신, 마음을 밝힌다)'와 'delos(시각적)'의 합성어로서 아편, 대마, LSD로 대표되는 어떤 약물(drug)을 투여하여 도취(Intoxication), 황홀(rapture), 또는 환각(hallucination) 상태에 빠지는 소위 '감각의 해방 체험'을 말한다.

사이키델릭 문화의 형성은 19세기 낭만주의 작가들로부터 거슬러 올라간다. 사이키델릭 약물이 인류에게 치료약으로 통용되어오던 중세까지의 시대를 지나서 19세기 유럽에서는 계몽주의 합리주의적 냉혹함에 대한 불만과 저항의 수단으로 낭만주의와 함께 사이키델릭의 '인공낙원'에 대한 사상이 대두됨으로써 사이키델릭 약물에 대한 관심과 사용량이 갑자기 증대되었다고 한다.

사이키델릭 문화는 1960년대에만 있었던 현상은 아니다. 사이키델릭 문화는 인간 역사의 전체에 걸쳐 보편적인 문화이다. 인류는 자연 속에서 살아남기 위한 수단으로써 사이키델릭 효과를 이용해 왔다.

사이키델릭 아트는 '환각 미술' 또는 'LSD art'라고도 하며, 환각제를 복용하지 않고도 복용한 것과 같은 환각 증세를 연출하는 예술을 말한다. 즉 강력한 빛, 음향, 색채, 진동 등의 동시 자극효과를 모든 감각기관을 동시에 자극하는 소위 '감각으로 정신을 폭격'하는 특수한 인공 환경을 조성하여 사람이 이성을 초월하여 해방된 오감의 세계로 향한 여행, 즉 내부 여행(inner trip)을 하게 하는 것이다.

알버트 호프만(Albert Hofmann)이 최초로 LSD의 효과에 대해 쓴 글에서는 '끊이지 않고 이어지는 특별한 유연성과 활동성을 지닌 환상적 이미지와 뒤이은 강렬하고 변화무쌍한 색의 향연'으로 묘사했다. 무의식의 세계에서 보인 이미지는 여러 사조와 결합하여 사이키델릭 스타일의 독창적인 세계로 나타난다. 사이키델릭 아트는 다양한 스타일적 형태를 취하지만, 대부분의 작품이 형식 면에서 복잡하고, 집착적으로 세밀하고 내재적인 추상적 디자인을 통해 우주론적 비전을 맥시멀리즘적 관점에서 표현하는 경향을 보인다. 이러한 사이키델릭 아트에 대해 타임지는 "20세기 초에 유행했던 아르누보의 곡선 스타일이 되돌아와 넝쿨이 텔레비전에서부터 카프탄의 프린트에 이르는 모든 그래픽 디자인으로 뻗어 나가고 있다"고 소개하면서, 아르누보의 곡선에 옵아트의 눈에 거슬리는 색채와 팝아트의 상업주의가 혼합된 것이라 평가하였다.

[사진 22-1] 화려한 머리를 가진 히피 여성의 사이키델릭 초상화

[사진 22-2] 사이키델릭 아트 메이크업

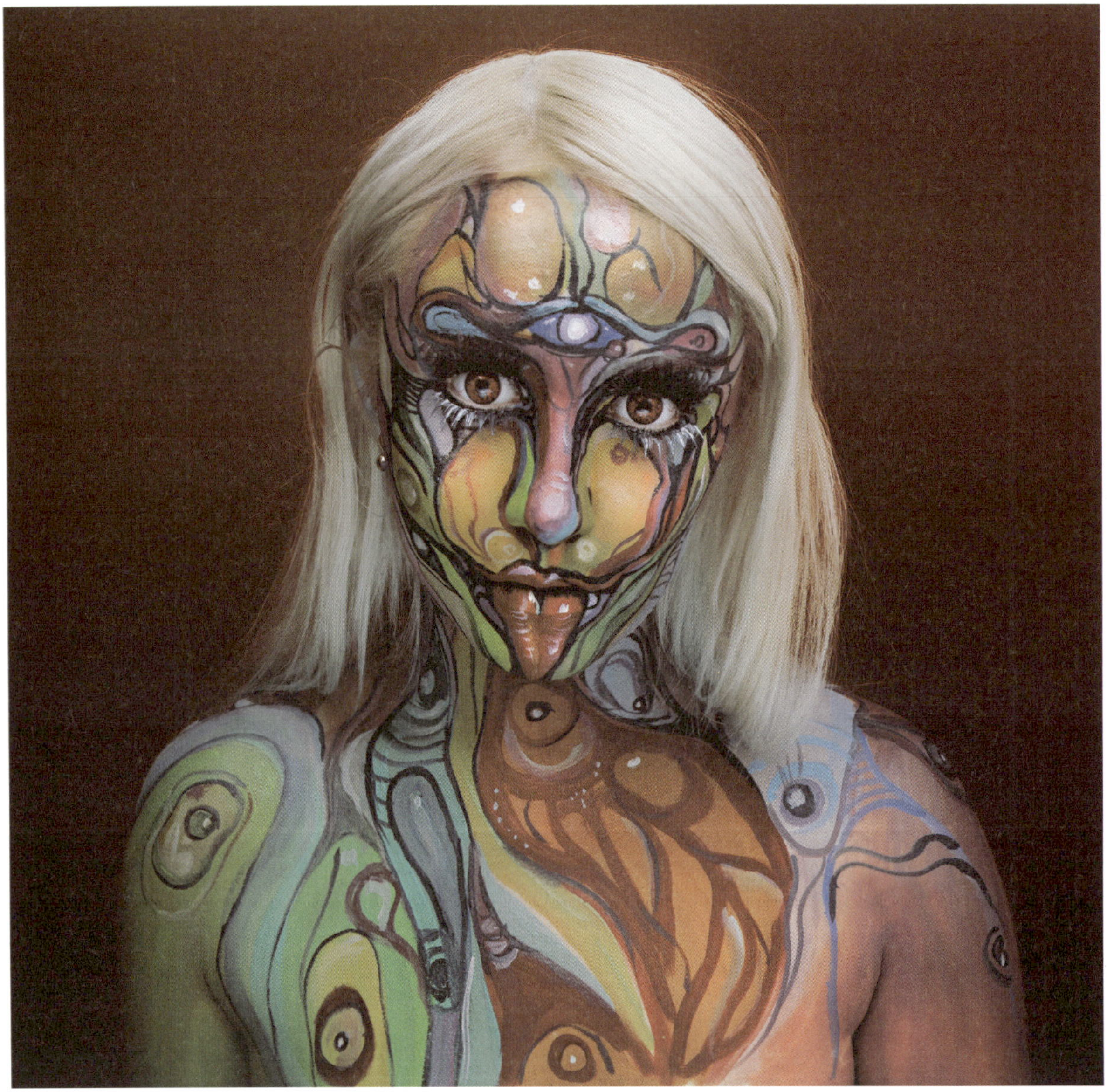

[사진 22-3] 사이키델릭 아트 메이크업

[사진 22-4] 사이키델릭 색채를 활용한 아트 메이크업, 학생지도작품(윤다인)

[사진 22-4-1] 사이키델릭 색채를 활용한 아트마스크(권현정)

(4) 오리엔탈(Oriental)

오리엔탈은 일반적으로 동방적 취미, 동방적 정서, 동방적 예술의 애호를 말하며, 근세 유럽에 있어서의 문학, 예술상의 한 풍조로 19세기 낭만주의의 한 경향인 이국 취미를 대표하는 것으로 오리엔트 즉, 동방 세계에 대한 동경을 표현상의 제재로 삼는 것을 의미한다.

예술사조에서의 오리엔탈은 동양의 독특하고 다양한 특성을 가미하여 예술양식에 표현된 것을 말하며 동방취미, 동방취향이라는 낭만주의의 한 경향인 이국 취미를 대표한다. 즉 오리엔탈은 18세기경부터 유럽 각지의 상류 계급 사이에서 시누와저리(Chinoiserie: 중국풍), 튀르크리(Turquerie: 터키풍), 재포니즘(Japonism: 일본풍) 등으로 일컬어지면서, 직물과 복식뿐만 아니라 회화, 건축, 조각, 공예 등을 비롯한 예술 분야에 이르기까지 문화 전반에 걸쳐 다양하게 나타났다.

19세기 잠재적인 형태로 등장했던 오리엔탈은 20세기에 들어와 명백한 접근방식을 보이며 사회, 문화 전반에 강한 영향을 미쳤다. 특히 복식 디자인에 있어 많은 상상력과 영감을 주었으며 동양 복식의 다양한 색감과 구성, 기하학적 단순성 등은 현대 복식을 창조하는 밑바탕이 되었다.

오리엔탈의 대표적인 디자이너인 Paul Poiret(1879~1944)의 등장은 모드(Mode)계의 황금시대를 열어주었다. 그는 터키풍 하렘(Harem) 팬츠와 터번(Turban), 중국풍의 코트, 기모노풍의 튜닉 스타일 등을 디자인하여 이 시대를 특징짓는 디자이너가 되었으며 전 유럽에 이국적 취미와 호화취미를 유행시켰다.

90년대 말까지 지속되어 온 오리엔탈은 2000년대 들어와서 다양한 지역과 문화유산을 보여주는 세계 여러 나라의 민속풍으로 알려졌다. 또 동양적인 아름다움에 대한 관심이 광범위해졌으며 실생활로 자연스럽게 흡수되었다.

메이크업 분야에서의 오리엔탈은 아시아와 그 주변 지역에서 나타나고 있는 독특한 색채와 형태, 질감, 기법 등의 요소들을 서양 메이크업에 가미하여 이국적인 느낌과 매력을 강하게 표현하는 것을 의미한다.

현대 메이크업에 등장하는 오리엔탈의 배경이 되는 것은 현재의 다양한 동양권 국가의 동시대에 나타나는 유행적 요소가 아니라 과거 오랜 역사 와 함께 나타난 각 고유의 독특한 화장양식이 새로운 개념으로 받아들여진다는 것이다.

[사진 23] 오리엔탈 아트 메이크업

[사진 24-1] '한국의 美'를 표현한 오리엔탈 아트 메이크업 학생지도작품(배경진)

[사진 24-2] '한국의 美'를 표현한 오리엔탈
아트 메이크업 학생지도작품(배경진)

[사진 24-3] '한국의 美'를 표현한 오리엔탈
아트 메이크업 학생지도작품(배경진)

[사진 24-4] '한국의 美'를 표현한 오리엔탈
아트 메이크업 학생지도작품(배경진)

[사진 24-4-1] 오리엔탈풍 아트마스크(권현정)

[사진 24-4-2] 오리엔탈풍 아트마스크(권현정)

[사진 24-4-3] 오리엔탈풍 아트마스크(권현정)

[사진 24-4-4] 오리엔탈풍 아트마스크(권현정)

[사진 24-4-5] 오리엔탈풍 아트마스크(권현정)

[사진 24-4-6] 오리엔탈풍 아트마스크(권현정)

(5) 팝아트(Pop Art)

팝아트(Pop Art)라는 용어는 Popular Art(대중예술)의 줄인 말로서, 1954년 영국의 미술평론가 로렌스 알로웨이(Lawrence Alloway)가 처음으로 사용하였으며, 통속적인 이미지나 대중적으로 잘 알려진 이미지를 순수미술의 문맥 안으로 끌어들인 미술을 가리키는 명칭이었다. 1950년대 초 영국에서 그 전조를 보였으나 1950년대 중후반 미국에서 추상표현주의의 엄숙성에 반대하고 매스미디어와 광고 등 대중문화적 시각 이미지를 미술의 영역 속에 적극적으로 수용하고자 했던 구상미술의 한 경향을 말한다. 그 후 이 용어는 1954년~1957년 사이에 영국의 인디펜던트 그룹 회원들의 공통작품 및 토론과 관련된 대화에서 널리 사용되기 시작하였다.

영국의 팝아트는 사회비판적 의도를 내포하고 있으며 기존의 규범이나 관습에 대해 비판적이라는 점에서 다다이즘과의 근친성을 보여준다. 영국 작가로 해밀턴을 비롯 P.블레이크, D.호크니, R.B.키타이, E.파올로치 등이 있으며, 특히 해밀턴이 바람직한 예술의 성질로 열거하고 있는 것들, 예컨대 순간적, 대중적, 대량생산적, 청년문화적, 성적(成的), 매혹적, 거대기업적인 것 등은 현대 대중문화의 속성을 그대로 압축해 놓은 것이다.

그러나 팝 아트의 성격은 미국적 사회환경 속에서 형성된 미술에서 더 구체적으로 반영되고 있다. 미국 팝 아트의 선배세대인 R.라우션버그와 J.존스는 이미 1950년대 중반부터 각종 대중문화적 이미지를 활용하였는데, 이들의 작업이 다다이즘과 유사한 특징을 보여준다고 해서 네오 다다(Neo dada)로 불려졌다. 미국의 팝 아트의 대표적 작가인 A.워홀은 마릴린 먼로, 엘비스 프레슬리 등 대중문화의 스타나 저명인사들을 캔버스에 반복적으로 묘사하거나 임의적인 색채를 가미함으로써 순수 고급예술의 엘리티시즘을 공격하고 예술의 의미를 애매모호하게 만드는 일련의 작품을 발표했다.

팝 아트는 TV나 매스 미디어, 쇼윈도, 고속도로변의 빌보드와 거리의 교통표지판 등의 다중적이고 일상적인 것들 뿐만 아니라 코카 콜라, 만화 속의 주인공 등 범상하고 흔한 소재들을 미술 속으로 끌어들임으로써 순수예술과 대중예술이라는 이분법적, 위계적 구조를 불식시키고, 산업사회의 현실을 미술 속에 적극적으로 수용하고자 한 긍정적인 측면을 지니고 있다.

[사진 25] 팝아트를 활용한 아트 메이크업 디자인(최광걸)

[사진 26-1] 팝아트 이미지 아트마스크(지수연)

[사진 26-2] 팝아트 이미지 아트마스크(지수연)

[사진 26-3] 팝아트 이미지 아트마스크(지수연)

[사진 26-4] 팝아트 이미지 아트마스크(지수연)

1) 사실적 이미지 디자인

페인팅 기법은 아트 메이크업 작업 시 가장 많이 사용되는 방법으로 스펀지, 브러시 기법으로 구분되는데 바로 신체에 채색을 하는 단계로 사실적 묘사와 추상적 묘사 등 다양하게 묘사되며, 그라데이션에 의한 입체감 표현으로 여러 가지 디자인 표현이 가능한 기법이다.

〈사실적 이미지 아트 메이크업 디자인 1〉

- 작품설명 : 인물을 중심으로 꽃과 나비의 이미지를 사실적으로 묘사한 아트마스크 디자인
- 주제(Theme) : 자연의 조화로움을 표현한 아트 메이크업
- 모티브(Motive) : 사실적 유형
- 색채(Color) : 블루, 퍼플, 옐로, 오렌지
- 재료 및 도구(Material & Tool) : 플라스틱 마스크, 수성물감, 페인팅 브러시
- 디자인 원리(Design Principle) : 곡선의 부드러운 율동미와 유사색 배열에 의한 색의 조화로 표현

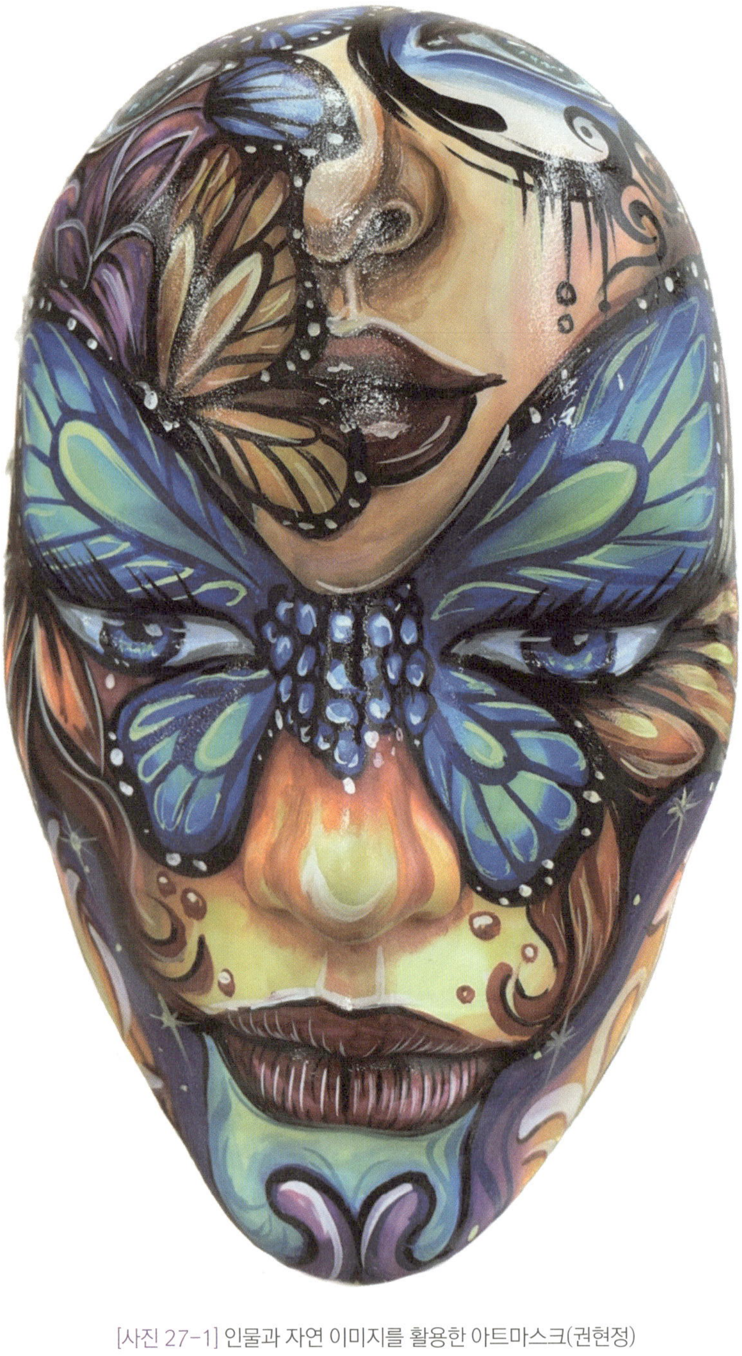

[사진 27-1] 인물과 자연 이미지를 활용한 아트마스크(권현정)

[사진 27-2] 인물과 자연 이미지를 활용한 아트마스크(권현정)

〈사실적 이미지 아트 메이크업 디자인 2〉

- 작품설명(Explain Work) : 인물을 중심으로 꽃과 나비의 이미지를 사실적으로 묘사한 아트마스크 디자인
- 주제(Theme) : 인간과 자연의 조화로움을 표현한 아트 마스크 디자인
- 모티브(Motive) : 사실적 유형
- 색채(Color) : 블루, 퍼플, 옐로, 오렌지
- 재료 및 도구(Material & Tool) : 플라스틱 마스크, 수성물감, 페인팅 브러시
- 디자인 원리(Design Principle) : 곡선의 부드러운 율동미와 함께 디자인 기초 조형 요소인 점, 선, 면의 변화에 의한 조화로 표현

[사진 28-1] 인물과 자연 이미지를 활용한 아트마스크(권현정)

[사진 28-2] 인물과 자연 이미지를 활용한 아트마스크(권현정)

〈사실적 이미지 아트 메이크업 디자인 3〉

- 주제(Theme) : Skull flower
- 모티브(Motive) : 사실적 유형
- 작품설명(Explain Work) : 과거의 삶과 현재의 죽음인 스컬의 상징적 의미를 꽃이 주는 행복과 기쁨, 희망의 의미로 표현한 작품으로 마네킹에 사전 스케치 후 수성 물감으로 꽃의 입체감을 살려 유동적인 곡선을 활용해 마무리한 작품
- 색채(Color) : 블루, 퍼플, 옐로, 오렌지, 화이트, 블랙
- 재료 및 도구(Material & Tool) : 마네킹, 수성물감, 페인팅 브러시, 조화 인공 오브제
- 디자인 원리(Design Principle) : 면 분할에 의한 색의 변화와 점, 선의 조화로 표현

[사진 29-1] 'Skull flower', 식물을 주제로 한 사실적 이미지 아트 메이크업(권현정)

[사진 29-2] 'Skull flower', 식물을 주제로 한 사실적 이미지 아트 메이크업(권현정)

[사진 29-3] ‘Skull flower’, 식물을 주제로 한 사실적 이미지 아트 메이크업(권현정)

〈사실적 이미지 아트 메이크업 디자인 4〉

- 주제(Theme) : Fancy Bird
- 모티브(Motive) : 사실적 유형
- 작품설명(Explain Work) : 원하고 바라는 일들이 잘 풀리고 이루어지는 꿈을 화려한 새의 사실적 이미지로 표현한 작품으로 사전 스케치 후 수성물감으로 기본 채색 후 에어브러시를 사용해 컬러의 발색을 높여 마무리한 작품
- 색채(Color) : 옐로, 오렌지, 그린, 블랙, 화이트, 블루
- 재료 및 도구(Material & Tool) : 마네킹, 수성물감, 페인팅 브러시, 펄, 에어브러시
- 디자인 원리(Design Principle) : 자유로운 곡선의 반복적인 율동미와 대칭 구도의 안정감을 표현

[사진 30-1] 'Fancy Bird', 자연을 주제로 한 사실적 이미지 아트 메이크업(권현정)

[사진 30-2] 'Fancy Bird', 자연을 주제로 한
사실적 이미지 아트 메이크업(권현정)

〈사실적 이미지 아트 메이크업 디자인 5〉

- 주제(Theme) : Feast of flowers
- 모티브(Motive) : 사실적 유형
- 작품설명(Explain Work) : 꽃이 주는 희망, 행복, 사랑의 의미를 화려하고 다양한 컬러를 사용하여 꽃의 향연을 표현한 작품. 사전 스케치 후 섀도를 사용해 기본 채색 후 에어브러시를 사용해 컬러의 발색을 높였다. 수성물감으로 전체적인 형태의 라인을 정리 후 점, 선, 면의 기초 디자인 요소를 활용해 만든 작품
- 색채(Color): 퍼플, 그린, 옐로
- 재료 및 도구(Material & Tool) : 플라스틱 마스크, 수성물감, 페인팅 브러시, 에어 브러시, 펄, 섀도, 큐빅
- 디자인 원리(Design Principle) : 반복적인 곡선의 율동미와 좌우 대칭 구도 배치로 통일감과 안정감을 표현

[사진 31-1] 'Feast of flowers', 자연을 주제로 한 사실적 이미지 아트 메이크업(권현정)

[사진 31-2] 'Feast of flowers', 자연을 주제로 한 사실적 이미지 아트 메이크업(권현정)

2) 추상적 모티브 디자인

〈추상적 이미지 아트 메이크업 디자인 1〉

- 주제(Theme): 밤의 양귀비
- 모티브(Motive): 추상적 유형
- 작품설명(Explain Work): 중국의 4대 미녀인 양귀비의 이미지를 골드의 화려한 컬러로 비유적으로 표현하였고 비운의 여인의 모습을 퍼플이 주는 색의 오묘함으로 표현하였다. 프로크리에이트로 사전 아이디어 스케치 후 섀도를 이용해 기본 채색 후 섀도와 동일한 컬러의 펄을 전체적으로 블랜딩 해준 후 골드 컬러를 사용해서 아르누보의 유동적인 곡선미를 강조한 작품
- 색채(Color): 골드, 퍼플
- 재료 및 도구(Material & Tool): 마네킹, 수성물감, 페인팅 브러시, 섀도, 펄, 큐빅
- 디자인 원리(Design Principle): 아르누보 양식의 자유로운 곡선의 율동미와 함께 보색대비에 의한 색의 조화로 표현
- 사전 시안작업(Idea Sketch)

[사진 32-1] '밤의 양귀비'를 표현한 일러스트레이션 디자인

[사진 32-2] '밤의 양귀비', 아르누보를 활용한 아트 메이크업(최광걸)

[사진 32-3] '밤의 양귀비', 아르누보를 활용한 아트 메이크업(최광걸)

〈추상적 이미지 아트 메이크업 디자인 2〉

- 주제(Theme): 접련화
- 모티브(Motive): 추상적 유형
- 작품설명(Explain Work): 나비를 부르는 꽃의 이미지를 자유로운 율동미의 아르누보 곡선을 활용하여 꽃과 나비를 추상적 이미지를 표현. 마네킹에 사전 스케치 후 섀도로 전체적인 컬러 그라데이션을 해준다. 이 후 강조할 부분을 동색의 펄을 이용해 포인트를 주고 수성 물감을 이용해 전체적인 형태를 마무리해 주고 큐빅을 이용해 포인트를 준 작품
- 색채(Color): 옐로, 오렌지, 그린, 퍼플, 화이트, 블랙
- 재료 및 도구(Material & Tool): 마네킹, 수성물감, 페인팅 브러시, 섀도, 펄, 큐빅
- 디자인 원리(Design Principle): 아르누보 양식의 자유로운 곡선의 율동미와 함께 다채로운 색감의 조화로 표현
- 사전 시안작업(Idea Sketch)

[사진 33-1] ‘접련화’를 표현한 일러스트레이션 디자인

[사진 33-2] '접련화', 아르누보를 활용한 아트 메이크업(최광걸)

[사진 33-3]
'접련화',
아르누보를 활용한 아트 메이크업(최광걸)

[사진 33-4]
'접련화',
아르누보를 활용한 아트 메이크업(최광걸)

〈추상적 이미지 아트 메이크업 디자인 3〉

- 주제(Theme): 광대
- 모티브(Motive): 추상적 유형
- 작품설명(Explain Work): 밝고 유쾌한 광대의 이미지를 표현하기 위해 수성물감과 섀도의 밝은 색채, 그리고 세련된 고딕의 선 표현으로 시선을 집중시킬 수 있도록 표현한 작품
- 색채(Color): 옐로, 오렌지, 블루, 퍼플, 화이트, 블랙
- 재료 및 도구(Material & Tool): 마네킹, 수성물감, 페인팅 브러시, 섀도, 큐빅
- 디자인 원리(Design Principle): 팝아트 컬러의 특징인 선명하고 밝은 색채를 사용하여 색의 지각 현상 중 고채도의 주목성이 높도록 표현
- 사전 시안작업(Idea Sketch)

[사진 34-1] '광대'를 표현한 일러스트레이션 디자인

[사진 34-2] '광대', 팝아트 아트 메이크업(최광걸)

[사진 34-3] '광대', 팝아트 아트 메이크업(최광걸)

〈추상적 이미지 아트 메이크업 디자인 4〉

- 주제(Theme) : 저편의 꽃
- 모티브(Motive) : 추상적 유형
- 작품설명(Explain Work) : 오리엔탈 패턴에서 많이 활용되고 있는 식물의 문양을이용해 동양적인 선의 율동미와 함께 조화롭게 표현한 작품. 마네킹에 사전 스케치 후 섀도를 이용해 전체적인 컬러 그라데이션 후 수성 물감을 이용해 선을 강조한 작품
- 색채(Color): 옐로, 오렌지, 블루, 화이트, 블랙
- 재료 및 도구(Material & Tool) : 마네킹, 수성물감, 페인팅 브러시, 섀도, 큐빅
- 디자인 원리(Design Principle) : 유동적인 선의 반복과 현대적인 컬러의 화려함으로 부드러운 동양미를 강조.
- 사전 시안작업(Idea Sketch)

[사진 35-1] '저편의 꽃'을 표현한 일러스트레이션 디자인

[사진 35-2] '저편의 꽃', 오리엔탈 아트 메이크업(최광걸)

[사진 35-3] '저편의 꽃', 오리엔탈 아트 메이크업(최광걸)

〈추상적 이미지 아트 메이크업 디자인 5〉

- 주제(Theme) : 숲속의 신 '다이애나'
- 모티브(Motive) : 추상적 유형
- 작품설명(Explain Work) : '다이애나'는 로마명은 '미네르바' 즉 사냥의 여신으로 '빛나는 것' 이라는 뜻의 이름이다. 숲속에 사는 동물의 수호신인 다이애나를 표현하기 위해 그린 컬러를 주조색으로 사용하고 옐로, 오렌지 컬러로 보조색을 사용한 후 블랙 라인으로 강인함을 표현. 마무리로 큐빅과 펄을 이용해 빛나는 여신의 이미지를 표현한 작품
- 색채(Color) : 그린, 옐로, 오렌지, 레드, 화이트, 블랙
- 재료 및 도구(Material & Tool) : 마네킹, 수성물감, 페인팅 브러시, 섀도, 큐빅, 펄
- 디자인 원리(DesignPrinciple) : 면 분할에 의한 컬러 그라데이션 조화와 유동적인 선의 반복으로 추상적인 이미지를 강조
- 사전 시안작업(Idea Sketch)

[사진 36-1] 숲속의 신 '다이애나'를 표현한 일러스트레이션 디자인

[사진 36-2] 숲속의 신 '다이애나' 아트 메이크업(최광걸)

[사진 36-3] 숲속의 신 '다이애나' 아트 메이크업(최광걸)

〈추상적 이미지 아트 메이크업 디자인 6〉

- 주제(Theme) : 숲속의 신 '다이애나'
- 모티브(Motive) : 추상적 유형
- 작품설명(Explain Work) : 숲속에 사는 동물의 수호신인 다이애나를 작품 36-2와 다른 디자인으로 표현한 작품으로 용맹하고 강인한 수호신을 표현하기 위해 블랙컬러의 라인으로 전체 이미지를 강조하고 컬러 배색은 유사색 배색을 통해 여신의 이미지를 표현한 작품
- 색채(Color) : 그린, 옐로, 오렌지, 레드, 화이트, 블랙
- 재료 및 도구(Material & Tool) : 마네킹, 수성물감, 페인팅 브러시, 섀도, 에어브러시
- 디자인 원리(DesignPrinciple) : 면 분할에 의한 컬러 그라데이션 조화와 유동적인 선의 반복으로 추상적인 이미지를 강조

[사진 37-1]
'숲속의 신 다이애나' 아트 메이크업(권현정)

[사진 37-2]
'숲속의 신 다이애나' 아트 메이크업(권현정)

〈추상적 이미지 아트 메이크업 디자인 7〉

- 주제(Theme) : Frozen
- 모티브(Motive) : 추상적 유형
- 작품설명(Explain Work) : 겨울왕국의 공주를 추상적 이미지로 표현한 작품. 겨울이 주는 계절적 이미지를 표현하기 위해 주조색은 블루와 화이트를 사용하였고, 아르누보의 유동적인 곡선을 이용해 율동미를 강조한 작품. 마네킹에 사전 스케치 후 수성 물감을 이용해 기본 채색 후 컬러의 발색력을 높이기 위해 에어브러시를 사용하였다.
- 색채(Color) : 블루, 화이트, 블랙
- 재료 및 도구(Material & Tool) : 마네킹, 수성물감, 페인팅 브러시, 에어브러시, 큐빅
- 디자인 원리(Design Principle) : 면 분할에 의한 컬러 그라데이션 조화와 유동적인 선의 반복으로 추상적인 이미지를 강조

[사진 38-1]
아르누보를 활용한 'Frozen' 아트 메이크업(권현정)

[사진 38-2]
아르누보를 활용한 'Frozen' 아트 메이크업(권현정)

〈추상적 이미지 아트 메이크업 디자인 8〉

- 주제(Theme) : 성스러운 불의 여신 '베스타(Vesta)'
- 모티브(Motive) : 추상적 유형
- 작품설명(Explain Work) : 베스타는 그리스 신화로 보면 화로의 여신 헤스티아에 해당된다. 하지만 로마에서는 '영원한 성화(聖火)'가 바로 신의 몸이다. 이 여신은 가정생활을 수호하는 화로의 여신이며, 동시에 로마의 수호여신이기도 하다. 그러한 베스타를 표현하기 위해 주조색은, 레드와 옐로 컬러를 사용해 불의 여신을 강조하였고, 불의 강인함을 표현하기 위해 블랙 선으로 전체 면을 강조하였다.
- 색채(Color) : 옐로, 오렌지, 레드, 블랙, 화이트
- 재료 및 도구(Material & Tool) : 마네킹, 수성물감, 페인팅 브러시, 에어브러시, 큐빅
- 디자인 원리(Design Principle) : 면 분할에 의한 컬러 그라데이션 조화와 유동적인 선의 반복으로 추상적인 이미지를 강조

[사진 39-1]
성스러운 불의 여신 '베스타(Vesta)' 아트 메이크업(권현정)

[사진 39-2]
성스러운 불의 여신 '베스타(Vesta)' 아트 메이크업(권현정)

8.

뷰티 일러스트레이션을 활용한 아트메이크업 디자인

1) 뷰티 일러스트레이션 개념

뷰티 일러스트레이션(Beauty Illustration)은 헤어, 피부, 메이크업을 포함하는 미용관련 정보를 전달하고, 이미지를 표현하는 도안, 그림, 사진 일체를 의미하며 아트메이크업 작품제작을 위한 과정으로서 뷰티 일러스트레이션이 사용된다.

뷰티 일러스트레이션의 용도는 그 자체가 작품으로 사용되거나, 아트메이크업을 하기 전 구상했던 이미지를 미리 한번 그려보는 사전 작업으로 사용될 수 있으며 이는 실제 시술 작업에서 자신감과 작업의 숙련도를 높일 수 있는 이점이 있다.

아트메이크업 일러스트레이션은 유행하는 트렌드나 다른 예술 분야와의 접목을 통해 핸드 드로잉을 해보거나 다양한 재료를 활용함으로써 다채로운 표현기법이 발전될 수 있으며, 예술적 감성이 뛰어난 이미지를 창출해냄으로써 보는 사람의 공감대를 이끌어 낼 수 있는 좋은 실용 일러스트레이션이라고 할 수 있다.

2) 뷰티 일러스트레이션 표현기법

(1) 연필

연필은 소묘에 있어 가장 기본적인 도구로 선의 굵기와 강약 조절, 부드러운 터치와 거칠고 대담한 터치의 사용으로 다양한 분위기를 표현할 수 있다.

연필은 '해칭(hatching)'이나 '크로스 해칭(cross-hatching)' 기법을 이용하는데, 해칭이란 균일한 굵기와 간격을 유지하며 선을 그리거나, 가는 선에서 굵은 선까지 간격을 점점 넓히거나 좁혀가며 그리는 방법이다. 해칭으로 처리한 그림은 선 사이로 보이는 종이의 흰색이 대비효과를 주어 더 강렬한 느낌을 주게 된다.

크로스 해칭이란 해칭 기법을 사용하여 선을 그리되 방향을 바꾸어 선이 겹치도록 하는 것으로 선의 망을 만들어 면을 형성하는 방법을 말한다.

[사진 40-1] 연필을 사용한 인물 드로잉(권현정)

[사진 40-2] 연필을 사용한 인물 드로잉(권현정)

(2) 색연필

색연필은 그림을 섬세하고 부드럽게 표현하고자 할 때 사용하기 좋은 재료로서, 사용과 휴대가 간편하며 겹쳐 칠하는 횟수에 따라 작품의 투명도를 달리할 수 있다.

색연필의 종류는 크게 유성과 수성으로 나뉘며, 유성 색연필은 부드럽고 유연성이 있으며 수성 색연필은 사용 후 물을 묻힌 붓을 이용하여 수채화의 느낌을 연출할 수 있는 것으로 다양한 질감표현이 가능하다.

[사진 41-1] 색연필을 사용한 뷰티 일러스트레이션 아트메이크업 디자인(권현정)

[사진 41-2] 색연필을 사용한 뷰티 일러스트레이션 아트메이크업 디자인(권현정)

[사진 41-3]
색연필을 사용한 뷰티 일러스트레이션 아트메이크업 디자인(권현정)

[사진 41-3-1] 색연필을 사용한 뷰티 일러스트레이션 아트메이크업 디자인(권현정)

(3) 수채화

수채화 물감은 안료에 아라비아 검(arabic gum)을 혼합하여 만든 것으로, 물을 섞어 사용하는 수성물감이다.

물을 많이 섞으면 맑고 투명한 효과를 낼 수 있고, 물을 적게 섞어 두껍게 바르면 유화나 아크릴화의 효과를 낼 수 있어 표현의 폭이 넓은 것이 장점이다. 그러나 수채화는 작품이 마른 후에도 물이 묻어 있으면 지워지거나 얼룩이 지는 단점이 있다.

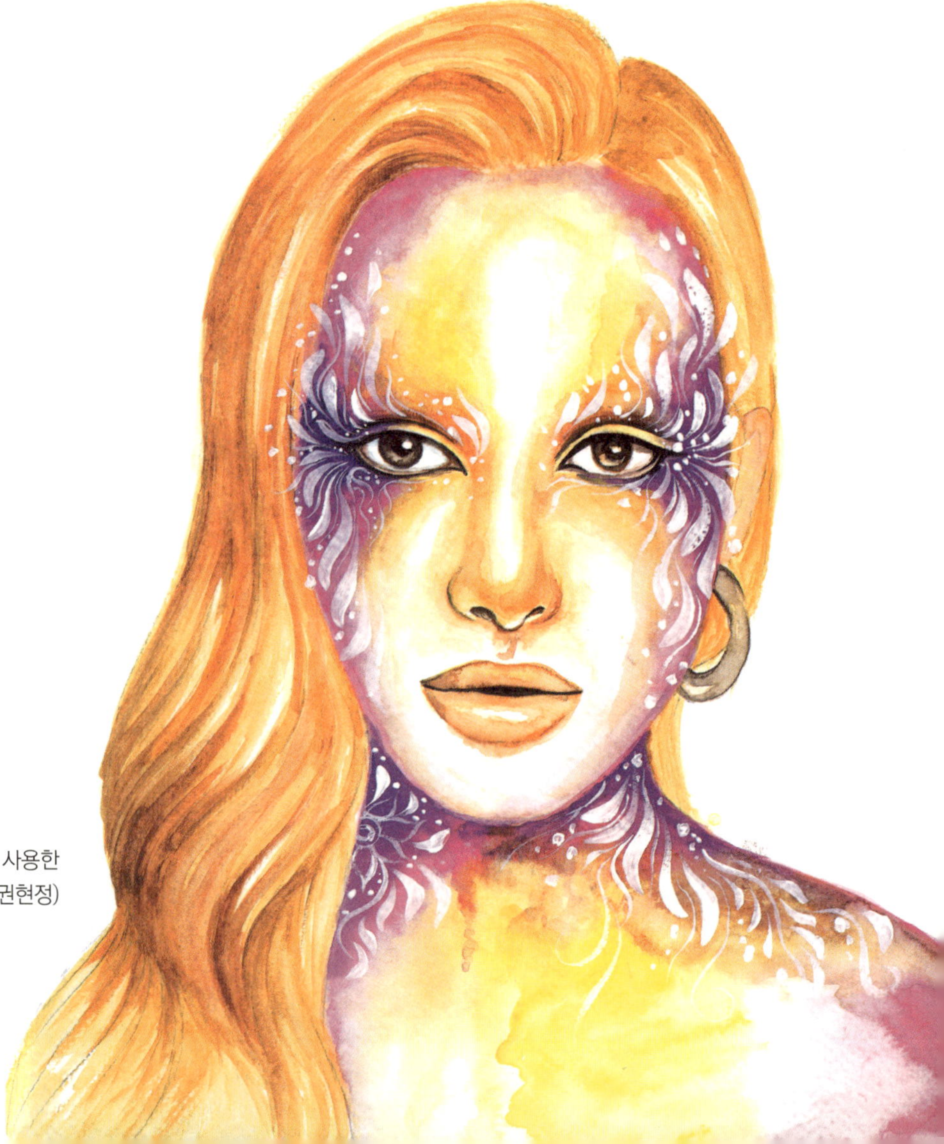

[사진 42-1] 수채화 물감을 사용한 뷰티 일러스트레이션 아트메이크업 디자인(권현정)

수채화 기법에는 'Wet in Wet'과 'Wet on Dry'가 있다. 'Wet in Wet'은 먼저 칠한 색이 마르기 전에 다른 색을 칠하여 두 색상 간의 윤곽선을 흐리게 하는 기법이고, 'Wet on Dry'는 먼저 칠한 색이 마른 후 다른 색을 칠해 두 색상 간의 단계적인 변화를 표현하는 기법이다.

[사진 42-2] 수채화 물감을 사용한 뷰티 일러스트레이션 아트메이크업 디자인(권현정)

3) 뷰티 일러스트레이션 아트메이크업 디자인

〈아트 메이크업 일러스트레이션 디자인 1〉

- 주제 및 작품 설명 : 아르누보 양식의 건축물이나 실내 장식에서 볼 수 있는 율동적인 곡선의 이미지를 활용한 판타지 아트 메이크업 작품으로 옐로와 퍼플의 보색대비의 색채를 이용해 각각의 색이 보다 강렬하고 선명해 보이도록 표현한 작품. 8절 화지에 연필 스케치 후 섀도로 전체적인 기본 음영을 표현해 준 후 유성 색연필을 사용해 컬러의 발색력을 높여준 작품
- 주조색 : 옐로, 퍼플
- 재료 및 도구 : 프리즈마 유성 색연필, 섀도, 브러시
- 디자인 원리 : 곡선의 율동미와 함께 보색대비 색감에 의한 조화로 표현

[사진 43] 아르누보를 활용한 뷰티 일러스트레이션 아트 메이크업 디자인(권현정)

〈아트 메이크업 일러스트레이션 디자인 2〉

- 주제 및 작품 설명 : 오리엔탈의 디자인 유형에 맞춰 연꽃의 이미지를 추상적으로 표현한 작품으로 유사색 배색을 통한 안정감과 율동적인 곡선, 대칭구도의 디자인으로 표현한 작품. 8절 화지에 연필 스케치 후 섀도를 이용해 기본 음영 컬러링 작업을 하고 유성 색연필을 사용해 컬러의 발색을 높여준다. 수성 물감을 이용해 전체적인 선의 형태를 잡아준 후 점의 디자인 요소를 활용하여 율동미를 강조해준다.
- 주조색 : 블루, 핑크
- 재료 및 도구 : 프리즈마 유성 색연필, 섀도, 브러시, 수성 물감
- 디자인 원리 : 점, 선, 면의 디자인 기초 요소를 활용하여 대칭구도의 안정감으로 표현

[사진 44] 오리엔탈 뷰티 일러스트레이션 아트 메이크업 디자인(권현정)

[사진 45] 아르누보를 활용한 뷰티 일러스트레이션 아트 메이크업 디자인(권현정)

〈아트 메이크업 일러스트레이션 디자인 3〉

- 주제 및 작품 설명 : 아르누보 양식을 활용하여 율동적인 곡선의 사용으로 표현한 작품으로 유사색 대비를 통한 색의 조화를 표현. 8절 화지에 연필 스케치 후 섀도를 이용해 기본 컬러링 작업을 해준다. 유성색연필을 이용해 전체적인 디자인의 기본 틀을 잡아 준 후 수성물감으로 강조할 부분을 마무리해준다.
- 주조색 : 옐로, 오렌지, 브라운
- 재료 및 도구 : 프리즈마 유성 색연필, 섀도, 브러시, 수성 물감
- 디자인 원리 : 자유로운 곡선의 율동미와 함께 대칭균형의 안정감 있는 구도와 색채에 의한 통일감을 표현

〈아트 메이크업 일러스트레이션 디자인 4〉

- 주제 및 작품 설명 : 아르누보 양식을 활용하여 율동적인 곡선의 사용으로 꽃의 이미지를 추상적인 선으로 표현한 작품으로 유사색 대비를 통한 색의 조화로움을 표현. 8절 화지에 연필 스케치 후 섀도를 이용해 기본 컬러링 작업을 해준다. 유성 색연필을 이용해 전체적인 디자인의 기본 틀을 잡아 준 후 수성물감으로 꽃의 추상적인 이미지를 부드러운 곡선으로 표현하고 점의 디자인 요소를 이용해 판타지한 효과를 준다.
- 주조색 : 핑크, 보라
- 재료 및 도구 : 프리즈마 유성 색연필, 섀도, 브러시, 수성 물감
- 디자인 원리 : 자유로운 곡선의 율동미와 함께 대칭균형의 안정감 있는 구도와 색채에 의한 통일감을 표현

[사진 46] 아르누보를 활용한 뷰티 일러스트레이션 아트 메이크업 디자인(권현정)

〈아트 메이크업 일러스트레이션 디자인 5〉

- 주제 및 작품 설명 : 기초 디자인 요소인 점, 선, 면의 활용으로 표현하고자하는 거미의 사물을 단순화시켜 작업한 작품으로 무채색의 색채를 사용해 어둠이 주는 강렬함을 표현. 8절 화지에 연필 스케치 후 섀도를 이용해 기본 컬러링 작업을 해준다. 유성 색연필을 이용해 전체적인 디자인의 기본 틀을 잡아 준 후 물감으로 거미의 추상적인 이미지를 선으로 표현하고 점의 디자인 요소를 이용해 판타지한 효과를 준다.
- 주조색 : 블랙, 화이트
- 재료 및 도구 : 프리즈마 유성 색연필, 섀도, 브러시, 수성 물감
- 디자인 원리 : 자유로운 곡선의 율동미와 함께 대칭균형의 안정감 있는 구도와 색채에 의한 통일감을 표현

[사진 47]
점, 선, 면을 활용한 뷰티 일러스트레이션 아트 메이크업 디자인(권현정)

03.14. - Artist_Hyunjung

〈아트 메이크업 일러스트레이션 디자인 6〉

- 주제 및 작품 설명 : 기초 디자인 요소인 점, 선, 면의 활용하여 한국의 전통문양을 단순화시켜 작업한 작품으로 색채의 대비로 밝고 선명한 색감의 조화로 표현. 8절 화지에 연필 스케치 후 섀도를 이용해 기본 컬러링 작업을 해준다. 유성 색연필을 이용해 전체적인 디자인의 기본 틀을 잡아 준 후 수성 물감으로 한국의 전통 문양인 단청의 이미지를 부드러운 곡선으로 표현하고 점의 디자인 요소를 이용해 판타지한 효과를 준다.
- 주조색 : 퍼플, 옐로, 그린, 화이트
- 재료 및 도구 : 프리즈마 유성 색연필, 섀도, 브러시, 수성 물감
- 디자인 원리 : 자유로운 곡선의 율동미와 함께 대칭균형의 안정감 있는 구도와 색채에 의한 통일감을 표현

[사진 48] 점, 선, 면을 활용한 뷰티 일러스트레이션 아트 메이크업 디자인(권현정)

[사진 49] 자연의 이미지를 활용한 뷰티 일러스트레이션 아트 메이크업 디자인(권현정)

〈아트 메이크업 일러스트레이션 디자인 7〉

- 주제 및 작품 설명 : 자연의 이미지를 활용한 아트 메이크업 디자인으로 꽃과 나비의 사물을 점, 선, 면의 디자인 요소를 활용해 단순화하여 표현한 작품. 8절 화지에 연필 스케치 후 섀도를 이용해 기본 컬러링 작업을 해준다. 유성 색연필을 이용해 전체적인 디자인의 기본 틀을 잡아 준 후 수성물감으로 꽃과 나비의 추상적인 이미지를 부드러운 곡선으로 표현하고 점의 디자인 요소를 이용해 판타지한 효과를 준다. 메인 디자인인 꽃과 나비는 유사색으로 표현하여 안정감을 주고 보조색으로 보색대비의 컬러를 사용해 선명하고 강한 추상적 사물의 이미지를 표현
- 주조색 : 옐로, 오렌지, 그린
- 재료 및 도구 : 프리즈마 유성 색연필, 섀도, 브러시, 수성 물감
- 디자인 원리 : 자유로운 곡선의 율동미와 함께 대칭균형의 안정감 있는 구도

〈아트 메이크업 일러스트레이션 디자인 8〉

- 주제 및 작품 설명 : 오리엔탈을 반영해 연꽃의 이미지를 단순화하여 표현한 작품으로 통일된 색감과 안정감 있는 디자인 배치로 연꽃이 주는 순수한 이미지를 표현한 작품. 8절 화지에 연필 스케치 후 섀도를 이용해 기본 컬러링 작업을 해준다. 유성 색연필을 이용해 전체적인 디자인의 기본 틀을 잡아 준 후 수성물감으로 꽃의 추상적인 이미지를 부드러운 곡선으로 표현하고 점의 디자인 요소를 이용해 판타지한 효과를 준다.
- 주조색 : 핑크, 옐로, 화이트
- 재료 및 도구 : 프리즈마 유성 색연필, 섀도, 브러시, 수성 물감
- 디자인 원리 : 자유로운 곡선의 율동미와 함께 안정감 있는 구도와 색채에 의한 통일감으로 표현

[사진 50]
오리엔탈 뷰티 일러스트레이션 아트 메이크업 디자인(권현정)

〈아트 메이크업 일러스트레이션 디자인 9〉

- 주제 및 작품 설명 : 자연의 이미지인 꽃의 형상을 단순화하여 좌우 대칭구도의 안정감 있는 디자인으로 표현. 8절 화지에 연필 스케치 후 섀도를 이용해 기본 컬러링 작업을 해준다. 유성 색연필을 이용해 전체적인 디자인의 기본 틀을 잡아 준 후 수성물감으로 꽃의 추상적인 이미지를 부드러운 곡선으로 표현하고 점의 디자인 요소를 이용해 판타지한 효과를 준다. 마지막으로 수성물감을 이용해 꽃의 자연스러운 명암 표현을 해주어 입체감을 표현해준다.
- 주조색 : 옐로, 오렌지, 블랙, 화이트
- 재료 및 도구 : 프리즈마 유성 색연필, 섀도, 브러시, 수성 물감
- 디자인 원리 : 자유로운 곡선의 율동미와 함께 대칭균형의 안정감 있는 구도와 색채에 의한 통일감을 표현

[사진 51]
자연의 이미지를 활용한 뷰티 일러스트레이션 아트 메이크업 디자인(권현정)

〈아트 메이크업 일러스트레이션 디자인 10〉

- 주제 및 작품 설명 : 기초 디자인 요소인 점, 선, 면의 활용으로 표현하고자하는 꽃의 사물을 단순화시켜 작업한 작품으로 화이트 색이 주는 선명함을 표현하기 위해 기본 컬러링을 유사색 배색으로 표현하였다. 8절 화지에 연필 스케치 후 섀도를 이용해 기본 컬러링 작업을 해준다. 색연필을 이용해 전체적인 기본 컬러링의 발색을 높여준 후 화이트 컬러의 물감으로 꽃의 추상적인 이미지를 부드러운 곡선으로 표현하고 점의 디자인 요소를 이용해 판타지한 효과를 준다.
- 주조색 : 핑크, 퍼플, 블루, 화이트
- 재료 및 도구 : 프리즈마 유성 색연필, 섀도, 브러시, 수성 물감
- 디자인 원리 : 자유로운 곡선의 율동미와 함께 대칭균형의 안정감 있는 구도와 색채에 의한 통일감을 표현

[사진 52]
점, 선, 면 활용한 뷰티 일러스트레이션 아트 메이크업 디자인(권현정)

01 08
Hyun Jung

〈아트 메이크업 일러스트레이션 디자인 11〉

- 주제 및 작품 설명 : 기초 디자인 요소인 점, 선, 면을 활용하여 판타지한 추상적 형태의 아트 메이크업을 표현한 작품. 8절 화지에 연필 스케치 후 섀도를 이용해 기본 컬러링 작업을 해준 후 유성 색연필을 이용해 전체적인 기본 컬러링의 발색을 높여준다. 마지막으로 물감을 이용해 추상적인 부드러운 곡선을 표현하고 점의 디자인 요소를 이용해 판타지한 효과를 준다.
- 주조색 : 퍼플, 그린, 화이트
- 재료 및 도구 : 프리즈마 유성 색연필, 섀도, 브러시, 수성 물감
- 디자인 원리 : 자유로운 곡선의 율동미와 함께 대칭균형의 안정감 있는 구도와 색채에 의한 통일감을 표현

[사진 53]
점, 선, 면을 활용한 뷰티 일러스트레이션 아트 메이크업 디자인(권현정)

〈아트 메이크업 일러스트레이션 디자인 12〉

- 주제 및 작품 설명 : 유사색 배색을 통한 안정감과 통일감 있는 아트 메이크업을 표현. 화이트의 선명함을 높이기 위해 색연필을 사용해 기본 컬러의 발색을 높여 준다. 8절 화지에 연필 스케치 후 섀도를 이용해 기본 컬러링 작업을 해준다. 유성 색연필을 이용해 전체적인 디자인의 기본 틀을 잡아 준 후 화이트 수성물감으로 추상적인 꽃의 이미지를 부드러운 곡선으로 표현하고 점의 디자인 요소를 이용해 판타지한 효과를 준다.
- 주조색 : 옐로, 오렌지, 그린, 화이트
- 재료 및 도구 : 프리즈마 유성 색연필, 섀도, 브러시, 수성 물감
- 디자인 원리 : 자유로운 곡선의 율동미와 함께 대칭균형의 안정감 있는 구도와 색채에 의한 통일감을 표현

[사진 54]
점, 선, 면 활용한 뷰티 일러스트레이션 아트 메이크업 디자인(권현정)

〈아트 메이크업 일러스트레이션 디자인 13〉

- 주제 및 작품 설명 : 기초 디자인 요소인 점, 선, 면의 활용으로 표현한 아트 메이크업 작품으로 점진적인 점의 변화로 판타지한 효과를 준 작품. 8절 화지에 연필 스케치 후 섀도를 이용해 기본 컬러링 작업을 해준다. 유성 색연필을 이용해 전체적인 디자인의 기본 틀을 잡아 준 후 수성물감으로 점진적인 점의 디자인을 반복적으로 표현해준다.
- 주조색 : 옐로, 오렌지, 퍼플, 화이트
- 재료 및 도구 : 프리즈마 유성 색연필, 섀도, 브러시, 수성 물감
- 디자인 원리 : 점진적인 점의 이동으로 안정감과 통일된 이미지를 표현, 보색대비의 선명하고 밝은 색감의 조화

[사진 55]
점, 선, 면 활용한 뷰티 일러스트레이션 아트 메이크업 디자인(권현정)

〈아트 메이크업 일러스트레이션 디자인 14〉

- 주제 및 작품 설명 : 기초 디자인 요소인 점, 선, 면을 활용하여 꽃과 꽃잎의 사물을 단순화시켜 표현한 아트 메이크업 작품. 8절 화지에 연필 스케치 후 섀도를 이용해 기본 컬러링 작업을 해준다. 색연필을 이용해 전체적인 디자인의 기본 틀을 잡아 준 후 수성 물감으로 꽃과 꽃잎의 이미지를 단순화하여 좌우 대칭 구도로 안정감 있는 디자인 배치를 해준다. 점을 이용해 판타지한 꽃의 이미지를 강조시켜 준다.
- 주조색 : 옐로, 오렌지, 핑크, 블랙, 화이트
- 재료 및 도구 : 프리즈마 색연필, 섀도, 브러시, 수성 물감
- 디자인 원리 : 자유로운 곡선의 율동미와 함께 대칭균형의 안정감 있는 구도와 색채에 의한 통일감을 표현. 점진적인 점의 표현으로 강조된 이미지 표현

[사진 56]
자연의 이미지를 활용한 뷰티 일러스트레이션 아트 메이크업 디자인(권현정)

〈아트 메이크업 일러스트레이션 디자인 15〉

- 주제 및 작품 설명: 기초 디자인 요소인 점, 선, 면을 활용하여 표현하고자 하는 식물의 사물을 단순화시킨다. 8절 화지에 연필 스케치 후 섀도를 이용해 기본 컬러링 작업을 해주고 아이홀을 강조하여 아트의 범위를 넓혀준다. 색연필을 이용해 단순화한 식물의 줄기를 표현한 후 화이트한 컬러를 강조하기 위해 주변 색의 발색을 높여 준다.
- 주조색: 핑크, 블루, 옐로, 오렌지, 화이트
- 재료 및 도구: 프리즈마 색연필, 섀도, 브러시
- 디자인 원리: 자유로운 곡선의 율동미와 함께 대칭균형의 안정감 있는 구도, 색채에 의한 통일감과 색 대비에 의한 선명함을 표현

[사진 57]
점, 선, 면을 활용한 뷰티 일러스트레이션 아트 메이크업 디자인(권현정)

〈아트 메이크업 일러스트레이션 디자인 16〉

- 주제 및 작품 설명 : 표현하고자 하는 꽃의 이미지를 점, 선, 면으로 단순화시키고 꽃의 화려함을 표현하기 위해 색의 대비 효과로 표현. 8절 화지에 연필 스케치 후 섀도를 이용해 기본 컬러링 작업을 해준다. 색연필을 이용해 단순화한 꽃 이미지의 기본 틀을 잡아 준 후 물감으로 꽃의 추상적인 이미지를 부드러운 곡선으로 표현하고 점의 디자인 요소를 이용해 판타지한 효과를 준다.
- 주조색 : 옐로, 오렌지, 퍼플
- 재료 및 도구 : 프리즈마 색연필, 섀도, 브러시, 수성 물감
- 디자인 원리 : 자유로운 곡선의 율동미와 함께 대칭균형의 안정감 있는 구도와 색의 대비에 의한 선명하고 강조된 이미지

[사진 58]
자연의 이미지를 활용한 뷰티 일러스트레이션 아트 메이크업 디자인, 권현정

〈참고문헌〉

- 강태이(2017), 사이키델릭 아트를 응용한 영상매체 광고효과, 이화여자대학교 디자인대학원 석사학위논문
- 김의형(2014), 아트 메이크업에 응용된 팝아트적 특성연구, 광주여자대학교 일반대학원 석사학위논문
- 박성미(2018), 아르누보와 정크아트의 조형적 특성을 혼용한 아트 메이크업 디자인 연구, 영산대학교 미용예술대학원 석사학위논문
- 박리라(2016), 초현실주의 데페이즈망 기법을 활용한 아트 메이크업 연구, 중앙대학교 예술대학원 석사학위논문
- 심미영(2013), 오리엔탈리즘(ORIENYALISM)을 활용한 현대 복식의 표현 연구, 건국대학교 디자인대학원 전통복식디자인전공 석사학위논문
- 이규리(2011), 입체주의적 꼴라쥬 특성을 응용한 아트 메이크업 연구, 한성대학교 예술대학원 석사학위논문
- 이연순(2004), 21세기초 패션쇼를 통해 본 오리엔탈리즘의 표현법, 성신여자대학교 조형대학원 석사학위논문
- 이화순, 장미숙, 한수연, 권현정(2018), 뷰티일러스트레이션 이론과 실제, 경춘사
- 신원선, 권태순(2014), 아트 메이크업 발상, 훈민사
- 조혜지(2011), 오리엔탈리즘을 반영한 아트 메이크업에 관한 연구, 성신여자대학교 융합디자인예술학과 석사학위논문
- 황지현(2006), 사이키델릭 록 포스터에 나타난 해방적 상상력의 조형성에 관한 연구, 단국대학교 일반대학원 조형예술학과 박사학위논문

아트 메이크업 디자인

초 판 인 쇄 2020년 12월 21일
초 판 발 행 2020년 12월 31일
개정1판 발행 2024년 9월 30일

저 자 | 권현정 · 최광걸
발 행 인 | 조규백
발 행 처 | 도서출판 구민사
(07293) 서울시 영등포구 문래북로 116, 604호(문래동 3가 46, 트리플렉스)
기획 · 편집 | 주은혜
디 자 인 | 박재선

전 화 | (02) 701-7421
팩 스 | (02) 3273-9642
홈페이지 | www.kuhminsa.co.kr
신고번호 | 제2012-000055호(1980년 2월 4일)

I S B N | 979-11-6875-426-3 [93590]
정 가 | 28,000원

ART MAKE-UP DESIGN

마무리 작품

선

artist 권현정

artist 권현정

artist 권현정

artist 권현정

artist 권현정

artist 권현정

artist 권현정

artist 권현정

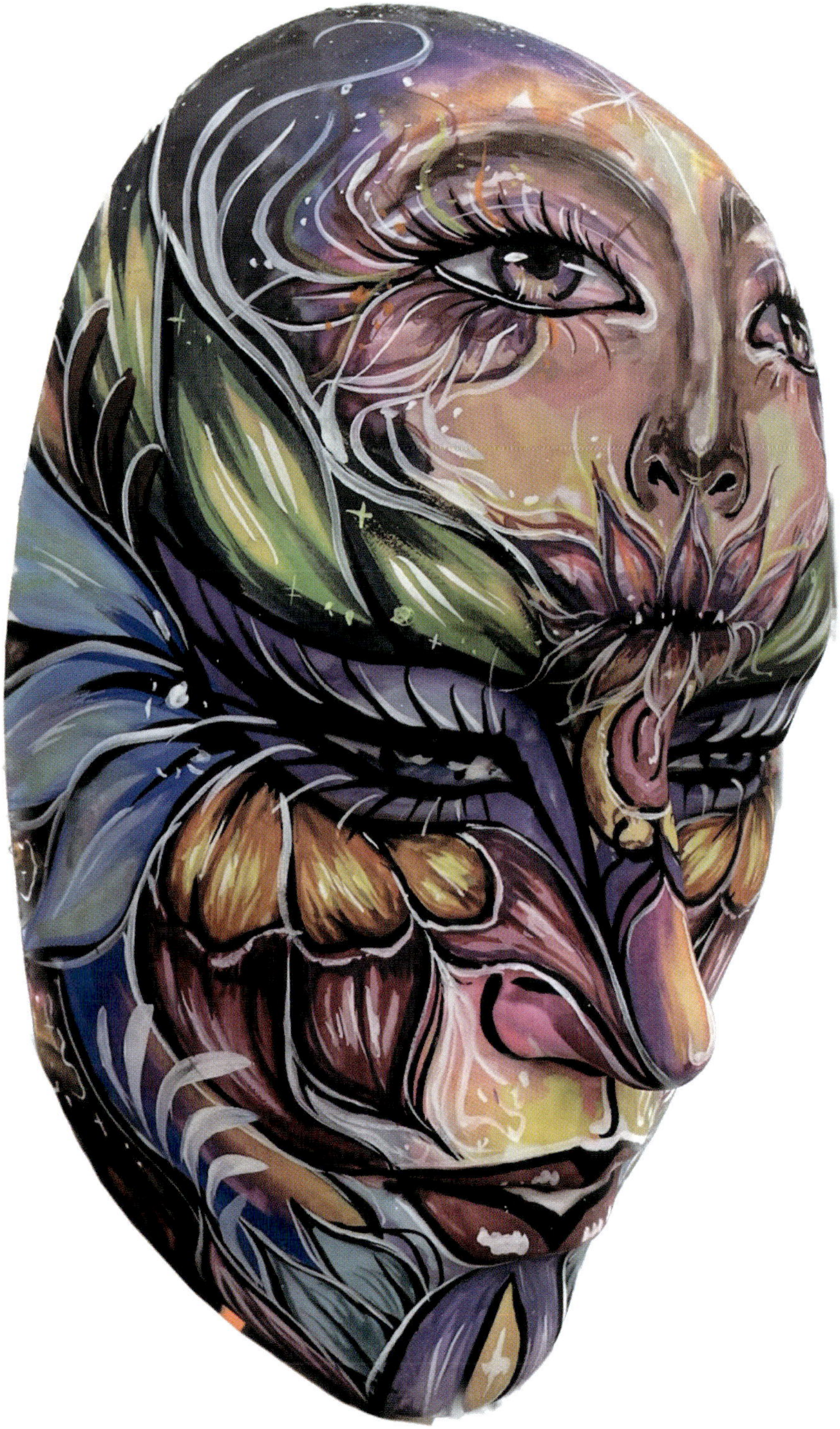

artist 권현정

artist 권현정

artist 권현정

선

artist 권현정

artist 권현정